高等院校艺术设计专业精品系列教材
“互联网+”新形态立体化教学资源特色教材

化妆基础进阶教程

Advanced Course in Cosmetics

朱 霖 主编

中国轻工业出版社

图书在版编目（CIP）数据

化妆基础进阶教程 / 朱霖主编. —北京：中国轻工业出版社，2024.8

ISBN 978-7-5184-2354-5

Ⅰ. ①化… Ⅱ. ①朱… Ⅲ. ①化妆—造型设计—教材 Ⅳ. ①TS974.12

中国版本图书馆 CIP 数据核字（2019）第 011048 号

责任编辑：毛旭林　　责任终审：劳国强　　整体设计：锋尚设计
策划编辑：毛旭林　　责任监印：张　可

出版发行：中国轻工业出版社（北京鲁谷东街5号，邮编：100040）
印　　刷：艺堂印刷（天津）有限公司
经　　销：各地新华书店
版　　次：2024年8月第1版第7次印刷
开　　本：889×1194　1/16　印张：8
字　　数：301千字
书　　号：ISBN 978-7-5184-2354-5　定价：59.80元
邮购电话：010-85119873
发行电话：010-85119832　010-85119912
网　　址：http://www.chlip.com.cn
Email：club@chlip.com.cn

241297J2C107ZBW

前言

化妆造型行业是我国改革开放后新兴的一个行业，经过几十年的发展，从最初的市场个体店铺，发展到一个普遍存在的社会行业体系，直到进入高校职业技能教育系统，形成了该行业发展的完整过程。全国各高职、中职院校的“人物形象设计”专业和社会力量创办的各种层次的化妆培训学校，为社会培养了大批专业人才，适应和满足了人们日益丰富的生活需要。但是作为一门新兴的学科，现有的专业教学上还处在一个知识体系不断完善的过程中，还没有形成一个知识体系完备、职业培养目标明确、职业人员素养以及职业理念成熟和稳定的行业标准。

为贯彻党的二十大精神，振兴民族文化，促进中华民族的伟大复兴，一个重要的方面就是使人们从思想意识上和审美取向上，形成健康正确的观念。在高校教育中培养拥有正确健康的审美观、价值观、人生观和世界观的职业人才，带动整个行业的健康发展，从而促进整个社会审美观、价值观的正向发展。

本教程就是在这样的背景下，由笔者总结数十年人物形象设计专业教学实践经验编写而成：全面、系统地阐述化妆的原理和规律，化妆的基础知识和基本技法，明确提出“健康是美的基础和前提”的审美观念，在讲授技法的同时，有深入的原理和审美理念的阐述，使学生不仅学会这样化妆，还知道为什么要这样化妆，从而避免错误、不良的化妆做法，填补了现有同类书籍化妆技术知识以及职业素养和职业理念的空白。本教材理论与实践紧密结合，从全新的角度，全面阐述化妆的理念、原理以及相关技术与技法，形成了完备的知识体系，不仅能够让学生掌握系统的化妆知识和全面的化妆技术，使专业技术学习得到明显的提升；同时，注重在教学过程中让学生树立正确的专业观念和应有的职业责任，为化妆造型行业的健康发展做出应有的贡献。

本书为适应职业技能培养的特点和需要，采取阶段式教学模式。第一阶段的学习内容是化妆的基础知识和基本技法，目的是让学生快速入门。在掌握了这些基本内容后，就能够胜任基本的化妆需要。第二阶段是基础学习的提高篇，全面、深入阐述化妆师应当具备的专业能力和应当树立的理念，以及化妆的基本原理与规律。重点讲述的是脸部和五官形态形成的生理机理和美感表现规律以及相应的修饰技法，最终目标是能够完成不同美感、性格、气质特征的妆面表现。这样的教学结构特点是：首先使学生快速入门，然后在更多的实践训练过程中进一步提高技术能力和全面提升专业素养，从而完成从会化妆，到化好妆的提升，最终成长为审美观念正确、职业素养较高、专业技术过硬的职业人才。

朱　霖

人是有思想、有意识的，所以人的相貌不是五官形态的简单罗列和堆砌，而是形和神的共同体现。出现化妆简单化和表层化的现象，其根源在于对化妆的理解和认识的问题上，这个问题也是一个决定化妆水准高低的问题。

弄清化妆与“画妆”这两个概念的意义在于：首先要在认识上对化妆有一个深入的理解，从而明确化妆学习的目标和努力的方向，为化妆的深入学习打开一个良好的开端；更重要的是为化妆技术水平的提升打开空间，使自己的学习能够向着更高的专业目标迈进。

三、化装、人物造型、人物形象设计

1. 化装

化装是通过对人的相貌和衣着等整体形象进行包装塑造，从而装扮出某个人物形象的过程。化装通常应用在电影、电视、戏剧等表演等领域，是整体造型的一种。这里的“装”是指人的容装，除了脸部的妆面还包括发型、服装鞋帽和饰物、毛发和效果制作等多个方面，目的是通过容貌和装束来装扮出需要的人物形象。如图1-1-4、图1-1-5。

2. 人物造型

人物造型也常常简称为“造型”，是对人物整体进行的造型设计与制作。包括妆面、发型、服装、饰品的设计制作与搭配，是以人物为主体，为表现某种人物、某种主题、某种艺术思想或审美进行的设计与制作，是一种关于人形态表现的创作。

人物造型，是一个涉及面非常广泛的概念，凡是涉及人物整体装扮的都属于这个范畴。人物造型有不同的种类和多层次的细分，从应用领域来分主要有影视舞台领域造型、生活领域造型、专业艺术领域造型三个方面。

影视舞台造型是应用在演艺领域的造型，有电影、电视人物化装造型、舞台演员剧情造型、舞蹈主题人物造型（图1-1-6）以及各种演唱、表演等演艺类的造型。

生活领域造型就是应用在生活中的，与人们日常生活紧密相关的造型，是应用性最广泛、最实用的领域，比如新娘造型、职业装造型、晚装造型、日装造型等，其中每一种造型又都有很多细分。

专业艺术领域造型主要是围绕某种主题或者专业活动进行的艺术创作，通常是专业学习、专业创作和专业交流、专业展示、专业比赛等活动。

影视舞台造型和生活领域的造型是化妆造型在艺术和生活两大领域中的应用。影视舞台造型有着很强的行业专有性，内容十分庞杂，并且应用面较窄，仅限于演艺领域，因此不是普通化妆造型学习的重点。生活领域造型有着广泛的实用性和普及性，是化妆造型学习的重点应用领域。专业艺术造

图1-1-4　电影化装

图1-1-5　戏剧化装

图1-1-6　舞蹈主题人物造型

型是专业学习和专业交流领域中的，它往往是围绕某一主题开展的专业创作，其内容既可涉及影视舞台造型，也与生活造型有广泛而密切的联系。

专业艺术造型是化妆造型学习过程中的重要部分，是人物形象设计专业多个学科内容的综合运用环节，包含化妆、发型、服装、美术、摄影、后期、图案等多方面的学习内容，是为化妆造型在其他领域应用打基础的环节。这个环节是一个艺术思想放飞、创作题材丰富，作品美轮美奂和富有成就感的实践学习过程，可通过开展多种形式的综合实践活动以及不同的主题创作、不同规格的专业赛事、专业交流和展示以及毕业设计等多种形式，提高综合造型能力。图1-1-7至图1-1-14为部分学生不同主题内容的造型作品。

人物造型这里所说的“型”，是指人的外表形态，是对人的外在形象方面进行的设计，不包括人物内在因素的塑造。比如电影电视中的人物形象，除了外表装扮的造型，更多的还是要靠演员的表演来表现一个人物。化妆造型仅仅是对人物外在形象的塑造，因此叫“人物造型”而不是“人物形象设计”。

3. 人物形象设计

人物形象设计也常简称为“形象设计”，通常也指整体造型，是一个内容比较广泛的概念，包括演艺领域内的各种造型。而作为新兴的普及性的专业出现，常常是指生活领域内的个人形象设计和职业形象设计等。它严格的定义是对人物的总体综合

图1-1-7 创意主题造型《中国情》/乜匀

图1-1-8 创意主题造型《夺命黑天鹅》/姜维维

图1-1-9　创意主题造型《荷塘月色》/伏钰

图1-1-10　新娘造型/李海娇

图1-1-11　创意古典造型《文姬归汉》/王楠

图1-1-12　创意古典造型《梅妃》/冀国嘉

图1-1-13　材料主题造型《田园》/崔慧花

图1-1-14　材料主题造型《龙袍》/王晓满

图1-1-15　人物形象设计-色彩诊断

图1-1-16　人物形象设计-服装搭配

形象进行设计，这种设计是针对个人的外在形象和内在修养的整体设计，除了妆面、发型、服装服饰等这些外在方面的内容，还包括对人的言谈举止、礼仪修养乃至思想意识等方面的指导和提升，从而使人的外在形象和内在美两个方面共同呈现出更美好的形象。可以说人物形象设计是一个多学科的、内容非常丰富的综合性职业，是化妆造型行业中最高的专业层次。

人物形象设计行业目前在国内发展得还不够完善，也不够普及和均衡。一些较大的城市曾经一度出现的“形象设计工作室”，是这个行业的代表性职业。但是由于多方面的原因，这个行业发展得缓慢而且非常不均衡。就目前的状况来说，它是一个高端的小众受用群体行业。尽管人们对提高自身形象的需求是普遍的，但它的发展还受制于时代背景和群体文化层次。随着时代的进步，人类文明程度的提高，这种需求会有广阔的市场前景和光明的未来。

四、化妆师、造型师、形象设计师

在化妆成为一种职业以来，从事化妆工作的人士就被称为化妆师。化妆发展到整体造型，化妆师就成为造型师，技能更加全面。单纯的妆面化妆职业，在新的时代背景下已经没有独立存在的意义，因此，优秀的化妆师必然要追求成为更高层次的造型师，而任何一个造型师也必然要从优秀的化妆师成长而来。

人物形象设计师，是造型师的更高级的专业层次，也称为“形象顾问”。成为一个优秀的形象设计师的要求相当高，除了具有精湛的技术能力，还要能够从行为礼仪和修养方面来指导他人，首先设计师自己就必须具有这样的高度；而要能够从思想意识方面能指导他人，这就要求形象设计师具有广博的学识、丰富的阅历和高度的思想修养和精神境界。（图1-1-15、图1-1-16）

在生活中，由于工作环境、工作重点的不同以及不同的场合，化妆师、造型师、形象设计师往往在口头上混用，没有十分明确的称谓指向。通常“化妆”就指妆面，“造型”就是指整体。

五、化妆的基本原则

1. 扬长避短的原则

扬长避短，就是要突出和表现人相貌中的优点而掩饰其缺点。每一个人的相貌都有优点，也都有缺点。完美无缺的人基本不存在。化妆的一个基本原则就是把人美好的地方更加突出地表现出来，把有缺欠的地方通过化妆的手段得以弥补美化，改变不了的地方就想办法掩饰或者弱化。化妆的水平和能力集中表现在处理这些问题上。

2. 突出个性的原则

个性就是个别性，是一个人在思想、性格、情感、态度等方面不同于其他人的特质。人的相貌反映人的内心，所谓“相由心生”。在化妆方面所说的个性，就是不同于他人的独特的相貌和性格气质特征。

每个人的相貌和性格各不相同，都有区别于他人的地方。而且一个人好的、独特的相貌和性格特征，往往也能够形成其自身独特的美感。在当今这个时代，人们更注重追求个性美，而不愿意与人千篇一律，因此要重视对个性的发现和挖掘，这是赋予妆面独特个性美感的一个重要方面。

3. 整体统一的原则

整体统一就是脸型和五官形态的描画，要协调一致来共同表现某种美感。人的五官形态不能互相割裂而没有联系，要表现某种美，就要使它们共同向着这个目标努力。初学者由于整体掌控能力有限，往往容易陷于五官形态各自为营的境地，但一定要有意识地努力摆脱这个不足。

4. 真实自然的原则

真实自然，就是要以人的本真相貌和性格特征为依据来进行化妆，不要随意、任意改变，尤其是在日常生活中。如果仅仅为了美丽而把一个人化妆成连其本人都不认识的人，妆面即使再漂亮也是一个失败的化妆。

5. 尊重主体的原则

尊重主体，就是要以被化妆者的标准来进行化妆。美的标准因人而不同，不能把自己认为美的强加给别人，即使自己是正确的。如果妆容主体不认可，作为化妆师来说也不能够自以为是，强行做主，只能适当引导或者调整。

6. 综合协调的原则

化妆一方面要在妆面的整体上协调一致来表现妆容的不同美感，另一方面还要处理好与外部环境的关系。要根据一个人的职业、身份、年龄和不同的活动内容、环境、场合以及时间、地点、季节等具体的情况，选择适当的表现方法和侧重点，使人的形象与外部环境协调一致。

第二节　化妆的种类及其在人物形象设计中的作用

一、化妆的种类

化妆从方法、对象、应用领域、年龄等不同的角度有多种不同的分类。比如从妆面的特点可分为日妆、晚宴妆、烟熏妆等；从化妆的对象分为新娘妆、职业妆等；从应用领域可分为生活化妆、舞台化妆、影视化妆等。每种化妆种类又可细分若干种，比如日妆细分为休闲妆、职业妆、裸妆等。

不同的分类导致不同的化妆种类彼此之间有一定的交叉，比如休闲妆可以画成裸妆，职业妆也可以画成裸妆；晚宴妆相对日妆和烟熏妆来说有自身特点的妆类，但也可以画成烟熏妆；新娘妆可以画成日妆，也可以画成晚宴妆、烟熏妆等。并且这些具体的妆类根据不同的场景又分别有不同的侧重点，比如晚宴妆、新娘妆等在生活中用的和舞台展示性用的妆面特点就有很大的不同，生活中注重的是对本人相貌美感的表现；而舞台展示中更注重的是表现化妆师的艺术构思。化妆的分类繁多，表现的形式也因具体的需要有很大的变化，甚至很多时候不同的妆类和技法交叉使用，也没有必要泾渭分明或不可逾越。

本着基础性和实用性的原则，我们从生活化妆和艺术化妆两个方面，选择几种基本的化妆方法分别进行学习，在掌握这些基本化妆方法和不同类型的基础上，达到能够完成基础化妆需要的程度。

二、生活类化妆

生活类化妆顾名思义就是与日常生活紧密相关的一类化妆，包括日妆、裸妆、晚宴妆、烟熏妆、新娘妆、职业妆等。这些妆类的共同特点就是与我们的现实生活比较紧密，通常出现在日常生活中，实用性比较强。其中从化妆的技法角度来说，日妆、裸妆、晚宴妆、烟熏妆，有着不同的方法和技术特点，是化妆学习的基础内容。其他种类的化妆，都是这几种化妆方法的细分和具体应用，并且也常常体现为整体造型，因此都需要在掌握这几种基本的化妆技法基础上进一步学习整体造型。（图1-1-17）

三、艺术类化妆

艺术类化妆，就是注重表现艺术构思和创作，艺术夸张比较强的妆面。它往往应用在舞台、演艺、专业赛事、专业创作等领域，突出的是艺术创作表现性而不是实用性。这个方面往往也是通过整体造型来表现，比如适用于舞台表演造型和展示的各种艺术类化妆等。（图1-1-18）

四、化妆在人物形象设计中的作用

化妆是人物形象设计专业中最基础、最核心的课程。整体造型和人物形象设计，都是建立在化妆的基础上。

自化妆师成为一种职业以来，发展到今天的整体造型或形象设计，内容更加全面而深入，但是化妆在这个行业中的基础作用和核心地位始终没有改变。并且，随着人们的物质和文化生活水平的提高，在越来越丰富的服装、服饰、鞋帽等时尚生活中，人们对妆容的修饰也提出了更高的要求。在一个人的整体形象中，脸部永远是整体形象的核心。越来越丰富而精美的服装与发型，要求更精致、更高级的妆容才能够获得更好的整体形象。一个人的

图1-1-17　生活类化妆

图1-1-18　艺术类化妆

妆面没有画好，有再好的服装和发型，也是本末倒置。因此，化妆不再是单纯追求妆面的美丽，而是追求更具内涵的，能够体现自身个性美感的妆容。因此扎扎实实地学好化妆，是成为一个优秀造型师或形象设计师的必由之路。

学会化妆并不难，但要把化妆学好、学精却不是件容易的事。艺术化妆造型强烈的视觉冲击力和表现力仅仅是化妆技术的一个方面，而生活中的妆容，如何在平淡中画出精致，在平凡中表现出不凡，才是体现化妆师专业水平的最高境界。它需要一个化妆师不仅拥有全面的技术能力，还要拥有更高的专业素养和艺术修养。因此要分清主次，抓住核心，真正地把化妆学好。

本章重点

1. 对化妆概念全面深入的理解。
2. 化妆的原则

思考题

1. 化妆为什么不叫“画妆”？
2. 化妆的三个方面的内容和一个方面的作用是什么？
3. 从化妆的简单化和表层化两个方面来深入理解化妆水准的两个层次。
4. 化妆要遵循的原则有哪些？

第二章

化妆的基本技法

第一节　专业化妆用品的种类与选择

专业的化妆用品与生活中的化妆用品有一定的区别，虽然可以通用，但是专业的用品妆面表现和应用能力更强。作为专业化妆师，拥有一套好的化妆用品十分必要。下面就常用的化妆工具和化妆品做详细介绍。

一、化妆工具的种类与选择

1. 常用的工具

（1）化妆海绵和粉底刷

化妆海绵和粉底刷是用来打粉底的工具。化妆海绵用得比较普遍，通过不同的手法能够使粉底打得均匀、细腻、光洁。扁头粉底刷对于稀薄的液态粉底比较好用，还有一种新型圆柱平头粉底刷比较好，效果和适用能力更强（图2-1-1）。这些用品因个人的习惯不同而各有擅长，要掌握它们不同的特点，也可以混合使用，只要自己习惯、顺手就好。

新型的干湿两用海绵蛋是一个很好的工具，它能够兼顾大面积铺色和局部精雕。湿用可以打粉底，干用可以用来打蜜粉定妆。（图2-1-2）

（2）眼影刷

眼影刷有大小不一的多种型号，分别适用于不同的地方。大型号的眼影刷适合大面积铺色，小型号的适用于细节部位的处理。眼影刷是化妆工具中使用最频繁的工具，一般要多配几只大小不同的型号。眼影刷也可以灵活掌握，发挥其他的作用，比如遮瑕、画口红、画眼线、画眉等。（图2-1-3）

（3）散粉刷和粉扑

散粉刷是用来定妆的工具，刷头比较大而且柔软富有弹性，以打圈的方式能够均匀轻薄地打上蜜粉或散粉。粉扑也是用来定妆的工具，同时它还可以套在小指上避免在化妆中破坏底妆。散粉刷和粉

图2-1-1　圆头粉底刷

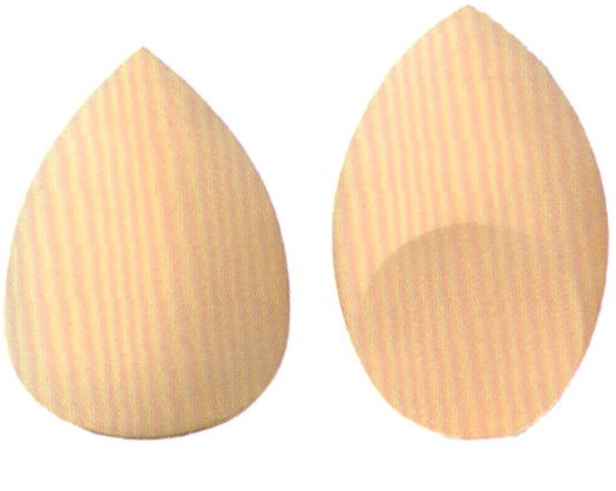

图2-1-2　干湿海绵蛋

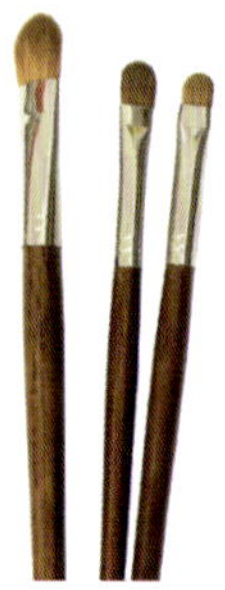

图2-1-3　眼影刷

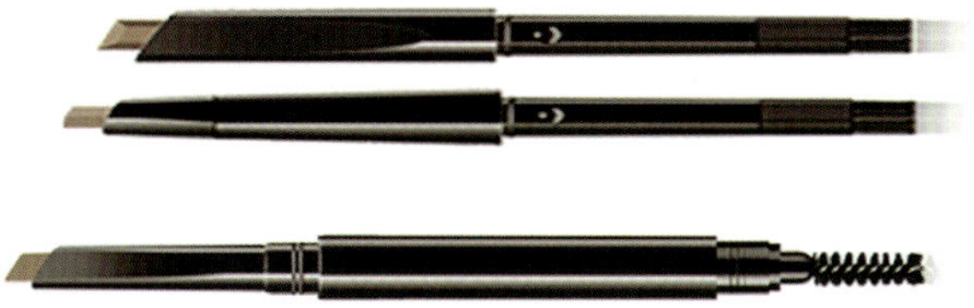
图2-1-4　眉笔

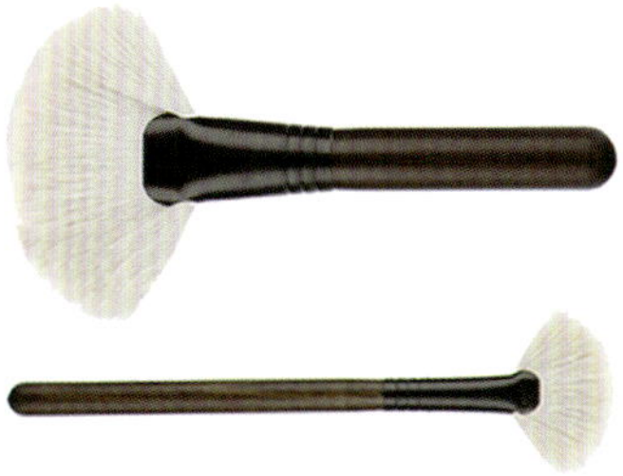
图2-1-5　浮粉刷

扑使用起来各有特点，散粉刷能够打出轻薄的定妆效果，粉扑由于是按压式，能够打得紧密、厚实一些，要根据情况和需要使用。

（4）腮红刷和修容刷

腮红刷一般和散粉刷相差不多，要比散粉刷小一点。修容刷也叫轮廓刷，是调整脸部立体轮廓的，一般是斜口的设计，这样既可以大面积使用也可局部修饰，更方便突出不同部位的结构感。修容刷与腮红刷可以混用。

（5）眉粉刷

眉粉刷也是斜口设计，类似于眼影刷，用来蘸取眉粉画眼眉用。眉粉刷画出来的眼眉比较柔和，它可以与眉笔结合使用，表现不同的虚实和深浅。比如用眉笔在眉腰处加深或在眉尾处加实加深，使眉形更加生动、立体、自然。

（6）眉笔

眉笔是用来画眼眉的，类似铅笔形状，有灰、黑、棕三种颜色，一般都要选用。三种颜色的眉笔可以混合使用，来掌握不同深浅和色彩的眼眉。新型的眉笔增加了多种深浅不同的颜色型号，并带有毛刷，功能实用，效果良好。（图2-1-4）

（7）眉梳

眉梳是双面设计的，梳子面可以用来梳理眉形，便于修眉。毛梳面可以用来清扫眉毛里残余的毛和杂质。

（8）修改刷

这种刷子的刷头很小，主要在化妆过程中，对个别处理不当的地方进行修改。常用来蘸粉底遮瑕。

（9）唇刷和唇线笔

唇刷是金属棒状，能够套在一起避免颜色蹭脏。唇线笔近似于眉笔，笔芯较软并容易着色，颜色也有多种，便于描画出不同的唇形，突出唇的立体感。

（10）浮粉刷

浮粉刷的样子很像个扇子，可以清除在化妆过程中面部残留的粉末，使妆容更加整洁。浮粉刷又称余粉刷，一种是比较厚大的，用来扫除定妆余粉；一种是小而轻薄的，用来扫掉多余眼影粉。（图2-1-5）

（11）眼线笔和眼线刷

眼线笔品种繁多，不乏较贵的品牌，有液体和笔刷套装的，还有一种类似于铅笔的水溶性眼线笔。眼线刷有两种，是一种刷头细小的圆头笔刷，能够画出精细的线条；另一种是扁平状的刷头，类似于最小号的眼影刷。

（12）鼻影刷

鼻影刷呈圆柱状，是用来塑造鼻梁立体感的工具，也有的是制成斜口的。

（13）化妆箱和化妆包

准备一个专业的化妆箱或化妆包很有必要，它便于整理收纳化妆用品用具，为化妆的顺利进行提供方便。价格种类比较多，可根据自己的情况来选择。

2. 专业化妆工具的选用与保养

作为专业化妆师，选择一套好的化妆工具很有必要。因为化妆工具不像化妆品是消耗品。一套好的工具不仅能够保证化妆效果，而且还够使用很长的时间。所以在这个方面不要计较价格。所谓“物有所值”，一套廉价的工具满足不了学习和将来职业工作的需要，如果感到不好用再升级工具，反倒造成更大的浪费，不如一次性选购一套好的能够长期使用的工具。300元左右的22只套刷或26只套刷能够满足一般性的化妆需要。

要养成定期清洁化妆工具的习惯。保持工具的清洁卫生，是一个良好的习惯，能够保证化妆工具使用的顺手和长久，同时也是对他人的尊重。

在套刷的基础上，可以根据需要和习惯，适当增加几种眼影刷等工具。每个人对化妆工具的使用状况不同，有不同的擅长，只要自己习惯，自己顺手就没有必要刻板地区分使用用途。

时代的发展，技术的进步，有越来越多的新型工具出现。新型的工具，功能更加细分化，更加具有针对性，质量也越来越好，要及时吸收和加以掌握。

二、化妆品的种类与选用

1．常用化妆品的种类

（1）粉底

不同的品牌有多种不同的深浅型号，用来塑造不同肤色和改善肤质。生活中用的粉底，品牌众多，不乏价格昂贵的品牌。有些品牌的粉底，遮瑕和防晒以及皮肤的质感营造效果都比较好，而且能够适用不同的肤质。

高级的粉底大都是液态的，适用于生活妆和高端化妆。新型的粉底，不仅品种多样，质量也越来越好而且功能性也越来越多，有的兼顾遮瑕、隔离、防晒等功能，有的更注重某一功能的效果。比如新兴的气垫BB霜、CC霜等，各有不同的功效，专业化妆师要及时了解这些情况，灵活掌握。作为一般化妆，应当具备三种以上不同型号的粉底以适应不同肤色的需要。（图2-1-6）

（2）定妆粉

定妆粉也常称为蜜粉、散粉，是打完粉底后稳固妆面用的。定妆粉具有吸油、吸湿的作用，能够防止脸上的油光，改善皮肤质感和防止脱妆。定妆粉有多种不同型号呈现不同的色彩倾向，能够调整底妆的色彩倾向和肤质，使得皮肤显得自然美好。

（3）眼影

在化妆品中，眼影是最为丰富多彩的。不仅种类多样，而且色彩丰富。通常分为两大类：亚光眼影和珠光眼影。亚光眼影是没有反光的眼影，是生活妆中最常用的一种。珠光眼影是带有金属光泽的眼影，显得珠光宝气，更适合舞台、晚宴等比较浓的妆面和热烈的环境中应用。（图2-1-7）

（4）腮红

腮红顾名思义，就是表现脸颊红润的粉饼，也称胭脂粉。

（5）唇彩

唇彩也称口红，也有亚光和珠光两大类，颜色种类也比较多。（图2-1-8）

（6）修容饼和修容棒

修容饼和修容棒一般制成同时有深浅两种颜色在一起的产品，是用在脸上局部提亮和打阴影来表现脸部立体结构的用品。（图2-1-9、图2-1-10）

（7）睫毛胶

睫毛胶是用来粘假睫毛用的胶水。

A02 浅肤色　A03 肤黄色　A04 自然肤色　A08 正肤色

图2-1-6　粉底

图2-1-7　眼影

图2-1-8　唇彩

图2-1-9　修容棒

图2-1-10　双修

图2-1-11　水溶性眼线粉

（8）水溶性眼线粉和眼线液

水溶性眼线粉是可以干湿两用的黑色粉饼，配合眼线刷使用能够画出丰富的层次（图2-1-11）。套装的眼线液，便于携带和使用方便，更适于生活化妆用，它的特点是色彩浓重，防水而不脱色，缺点是不能够掌握深浅层次，表现效果单一。

（9）其他用品

睫毛夹、镊子、修眉剪、修眉刀、假睫毛、棉签、镊子、美目贴、面巾纸、小的喷雾瓶等都是在化妆中需要的。

2. 化妆品的选择和使用

专业化妆品与生活化妆品有一定的区别。生活用化妆品比较注重对皮肤的滋润保养，适合长时间带妆，色彩相对少而清淡；专业化妆品更注重妆面色彩的表现，色彩种类繁多而应用面更广泛。在化妆学习期间没有必要追求高大上的品牌，只要是正规品牌，使用效果能够达到要求就可以。

粉底需要选择三四种不同深浅的型号，配合修容饼或修容棒，就能够满足学习的需要。定妆粉选择中性的。眼影要亚光的和珠光的都要准备，并可以根据需要后期增加多种颜色。眼影可以灵活使用，可以用作腮红，也可以用来调整定妆后的脸部色彩倾向。眼影粉和眼线粉也可以用来画眼眉。不同的眼影色可以混合调整出需要的颜色使用。画烟熏妆的时候，通过黑色和不同颜色的眼影调和，能够调出不同色彩倾向的黑色，表现出丰富的效果。

第二节　学习化妆应具备的基础知识

化妆是一门造型艺术，如果说是在人的脸上画画也不为过。因此有一定的美术基础，对于化妆的学习和技术水平的提高，有着非常重要的作用。这里对化妆能够用到的美术知识以及其他相关知识进行提炼性、概括性的阐述。

一、关于造型的基本知识与运用

素描本身就是一门造型艺术，它学习的是在二维平面上准确而生动地表现立体形体。它要求我们首先要看得准，然后是画得准和表现得生动，因此对于化妆的意义就是：第一，帮助我们准确地观察和认识形体，培养敏锐的观察力；第二，帮助我们能够把所看到的形体，准确、生动地表现出来。就是说素描能够帮助我们学会对形体的观察和表现。看得准才能够画得准，因此我们要从以下几个方面把相关的知识运用到化妆中去。（图2-2-1）

明暗分布规律

三面五调

因为光的照射，物体就有了光影，因而也就有了立体感。三个面是基本的概况，五调是详细的表现。

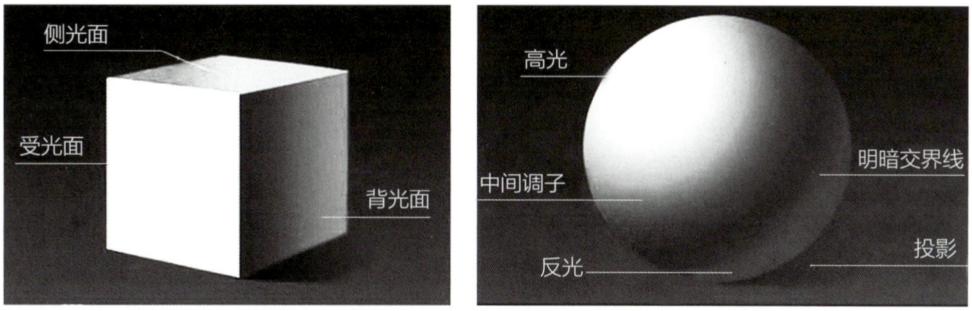

受光面：
高光
中间调子
背光面：
明暗交界线
反光
投影

图2-2-1　形体的明暗调子

首先要通过训练提高自己的观察能力，做到能够敏锐而准确地观察形体。同时还要通过学习，提高自己的表现能力，能够把看到的、感到和想到的准确而生动地表现出来。

1. 高光与暗影

光影是表现形体和立体感以及生动感的一个重要的方面。高光点是形体反光最强的地方，一般是形体的最高处，而暗影则常常是形体凹陷的或被遮挡的地方。掌握这种规律，在表现脸部的结构和立体感方面，有着十分直接的作用。比如鼻梁的高挺，眼窝的深陷以及脸部结构感的体现，往往通过明暗就能够得到很好的表现。

2. 调子与晕染

调子是光影的深入表现。调子由亮到暗丰富的表现层次，对于化妆中眼影的晕染技法来说尤为重要。很多同学画不好眼影的一个原因就是眼影晕染层次过渡技术掌握得不好，经常出现的问题就是把眼影涂成死板的一个平面，因此没有丰富的层次和生动的表现力。

3. 虚实与进退

首先在一定距离内观看（图2-2-2），会明显感到实的圆离我们近而虚的圆远。虚和实，是表现立体空间感很重要的方面；是表现生动感、增强感染力非常有效的方法；是刻画和突出表现某个部位十分有效的方法。

图2-2-2　虚实的进退感

虚实对比能够形成强烈的生动感。都是实的显得生硬；都是虚的则显得虚无缥缈。虚实相间运用得恰到好处，就能够表现出主体明确而又生动、真实的形象，有效地增强感染力。

4. 比例的美感

造型要准确、美观。准确和美观最根本的问题就是比例的恰当。形，千差万别，形的美感也丰富多彩。任何形都是建立在一定比例的基础上，因此形的准确和根本性美感，也主要体现在比例上。形具体的外部形态，包括每一个地方的具体细节，又由局部的比例决定，能够更具体、准确地表现形的种属、功用和直接的美感。表面的肌理能够表现形的材质感，而色彩能够给予人更直接的感受，而这些都是建立在比例的基础上。因此要掌握好对形的表现，比例是根本的框架，具体的形以及形的色彩、肌理等是形更直观更具体的表现形态。

如图2-2-3、图2-2-4，不论是人体整体还是头部五官以及其他部位，美感首先来源于比例的完美，然后才是外表具体形态的美丽，可以说比例的完美是美感产生的前提和基础，它是包含在表面具

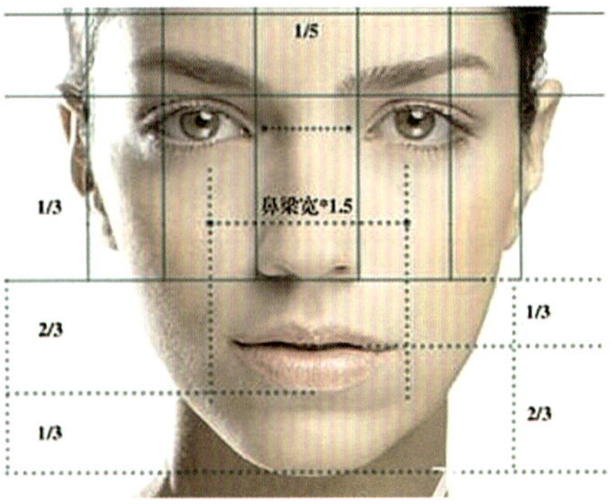

图2-2-3　五官比例

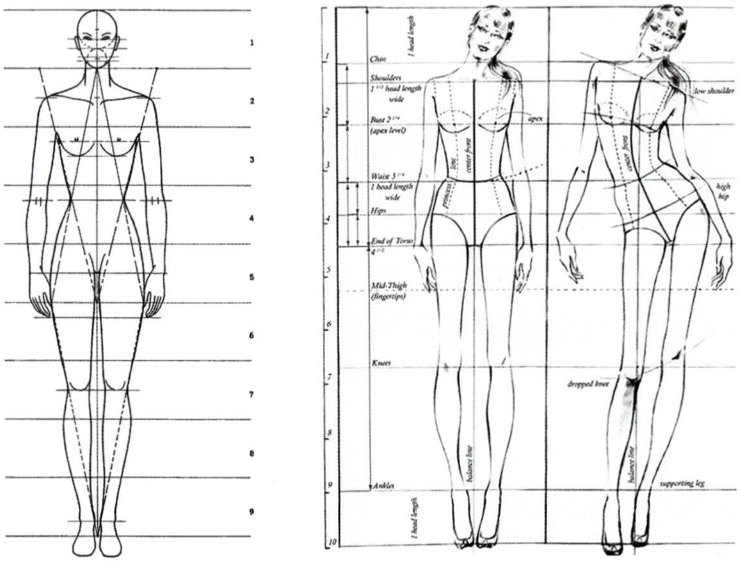

图2-2-4　人体比例

图2-2-5　皮肤的质感

图2-2-6　眼眉的质感

体形态内部的根本性因素。

5. 肌理与质感

肌理，就是物体表面的纹理状态，是质感的一种表现。质感是构成物体的物质本身所呈现出来的表面状态。质感与肌理是表现生动感和真实感又一个十分重要的方面。

比如细腻光洁的皮肤，是好肤质的表现；嘴唇自然的褶皱，是它富余弹性和诱惑美感的标志；眼眉如果画成为一个平面，没有纹理，就缺少真实感，因此肌理不仅是美感的一个表现因素，还是真实感和生动感的一个重要方面。

图2-2-5中，前图体现着皮肤细腻的质感，真实生动；后图是经过过度虚化处理的皮肤效果，没有了皮肤的纹理，虽然光滑但是僵硬死板，显得比较假。

图2-2-6中，上边两个图片能够看出眼眉的纹理，也就是眼眉的肌理之一，因此真实感比较强；下图则缺少眼眉的纹理，从而显得很假，给人的感觉就是画出来的假眼眉。

二、关于色彩的基本知识与运用

色彩，是一个内容极为丰富的学科。它不仅有着丰富的表现形式，同时还有着丰富的情感特点。在视觉中没有什么能够比色彩更能够影响人的感情、情绪、心理方面的东西，因为色彩是表现在形的外表最直观的现象，所以人的眼睛总是先看到色彩然后才是形。并且色彩也能够在一定程度上影响人的视觉，从而在视觉上改变形。

色彩，是一个应当专门进行深入学习的学科。对色彩的研究告诉我们，没有光就没有色彩。光有不同的色温，体现出不同的特性。在生活中最常见的就是日光和灯光。日光（中午时分的太阳、日光灯等）往往偏冷，而灯光（白炽灯、火光等）偏暖。光源色对固有色是有影响的，不同的光源也影响着同一种色彩的表现。同样的颜色在不同的光源下色彩就会发生一定的改变，因此在不同的场合和环境中，相应的化妆要有相应的应对措施。对于平时化妆学习的环境应当选择中性的光源。

1. 色彩的相关概念

三原色：红、黄、蓝被称为三种“原色”。所谓“原色”的含义就是原始的颜色，是不能通过其他颜色调和出来的。（图2-2-7）

同类色：是指色相基本相同的颜色，一般是色环上30度范围的色彩。它更多的是一种色相明度和纯度的差别。

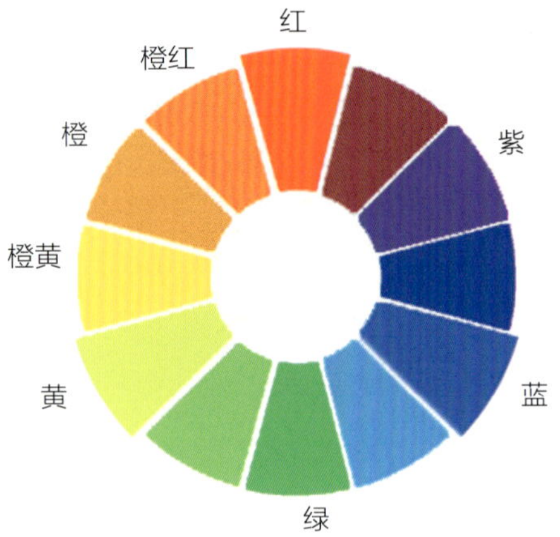

图2-2-7　三原色

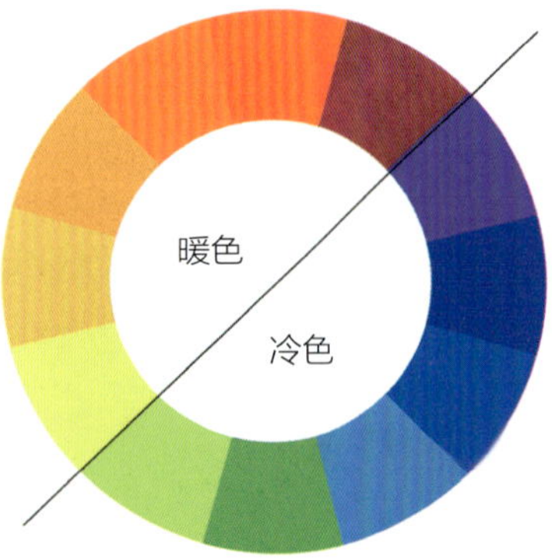

图2-2-8　冷暖色

图2-2-9　色彩的明度和纯度

邻近色：色相相似的色彩被称为邻近色。在色环上是左右相邻的色彩。一般是90度范围内的颜色。如图：橙色的邻近色是橙红色和橙黄色。

对比色：色环中位置相对的色彩。蓝色的对比色是橙黄、橙色、橙红。

补色：补色是极端对比色，是色环中正对位置的两种颜色。如色环中红与绿、蓝与橙、黄与紫色呈补色关系。

复色：两种颜色混合得到的色彩。

色系：某种色相相近的系列色彩。

暖色与冷色：暖色是色环中以红黄色为中心的系列色彩；冷色是色环中以蓝绿色为中心的系列色彩。色彩本身并无冷暖的温度差别，只是视觉上引起人们对冷暖感觉的心理联想。（图2-2-8）

2. 色彩的三要素

色彩有三个方面的要素：色相、纯度、明度。色相就是各种不同名称的色彩。

纯度是色彩的鲜艳度或者说是饱和度、纯净度。影响色彩纯度的因素很多，要了解这里面的规律。

明度是指色彩的明亮程度，或者说是色彩的深浅。同一种色彩由浅到深依次排列叫色阶。不同的色彩明度也不相同，黑色明度最低，而白色明度最高，但在视觉上却不是最亮的颜色，视觉上最亮的颜色是浅黄色。

如图2-2-9，色环中间一圈每种色相纯度最高，往内明度逐渐提高，纯度逐渐降低；往外明度逐渐降低，纯度也逐渐降低。也就是说提高色彩的明度和降低色彩的明度都会使纯度降低。

3. 色彩的透视与并置

（1）色彩的透视

色彩的透视就是色彩给人的远近、大小的感觉。明度高的和纯度高的色彩有明显的前进感，被称为前进色。低明度的和低纯度的有后退感，被称为后褪色。

（2）色彩的扩张与收缩

高明度的和高纯度的色彩有扩大的感觉；低明度的和低纯度的色彩有缩小的感觉。

（3）色彩的并置

不同色彩的并置就产生了对比，能够产生不同的感觉。以上色彩的冷暖、前进与后退、扩张与收缩，都是两种或几种色彩并置在一起对比才产生出的感觉，单独一种色彩没有这些现象。见图2-2-10，明显能够感觉到高明和高纯度的圆有往前，并有扩张感；低明度低纯度的往后退，有收缩感。所以色彩的感觉是相对的，要相互比较来应用。

4. 色彩的混合

仔细分析色环（图2-2-11），掌握色彩混合的规律。

世界上所有的色彩都是由三种原色不同量混合得到的。等量三种原色混合是黑色；等量对角线两色（补色）混合也是黑色。如果红色量大所得到的黑色就有暖的倾向；如果蓝的量大黑色就有冷的倾向。（图2-2-12）

等量的红蓝混合是紫色；等量的红黄混合得到橙色；等量的蓝黄混合得到绿色，也就是说两个原色混合是另一个原色的补色。如果不是等量的混合，色彩就倾向于量多的一方，比如紫色就是红和蓝色混合而形成的。当红色的量大时就形成紫红色；如果蓝色量大时，就是蓝紫色。这里的“等量”是理论上的，事实上由于每种颜料的染色性不同导致不都是等量的。

一种色相加入其他颜色，纯度和明度都会降低。一种色彩如果需要提高明度，加入白色是最有效的，但是纯度会降低；而如果要降低明度加入黑色最明显，同样纯度也会降低。通过混合补色和对比色也可以降低明度，并且能够掌握不同的色彩倾向，色彩表现更为丰富。

5. 色彩的心理与情感

色彩对人的心理影响非常直接和明显。不同的色彩会给人以不同的感受，因此色彩的恰当运用，不仅是赋予形直接的美感而且还包含着不同的情感色彩。

红、橙、黄色常常使人联想到旭日东升和燃烧的火焰，蓝、青、紫色常常使人联想到大海、晴空、阴影，因此有寒冷的感觉；凡是带红、橙、黄的色调都呈现暖的感觉；凡是带蓝、青、紫的色调都带冷感。色彩的冷暖与明度、纯度也有关。高明度的色彩一般有冷感，低明度的色彩一般有暖感。无彩色系中白色有冷感，黑色有暖感，灰色属中性。

（1）色彩的轻重

色彩的轻重感一般由明度决定。高明度具有轻感，低明度具有重感；白色最轻，黑色最重；重的色彩深沉稳定，轻的色彩轻浮活跃。

（2）色彩的软硬

色彩软硬感与明度和纯度有关。明度较高的具有软感，明度较低的具有硬感；纯度越高越具有硬感，纯度越低越具有软感；强对比色调具有硬感，弱对比色调具有软感。

图2-2-10　色彩的并置与对比

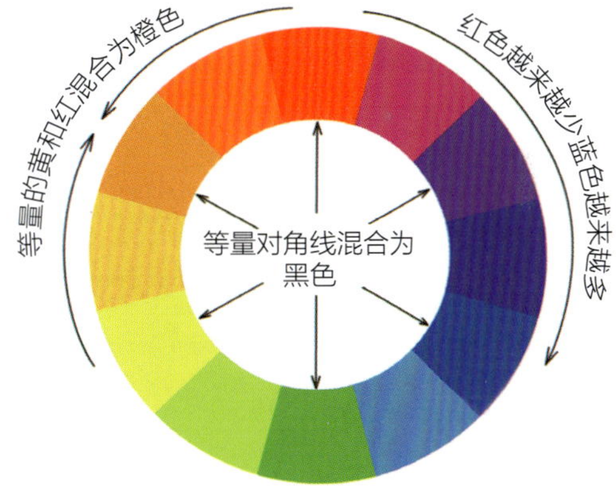

图2-2-11　色彩的混合

图2-2-12　原色混合

（3）色彩的强弱

高纯度色有强感，低纯度色有弱感；有色系对比无色系有强感，有色系以红色为最强；对比度大的具有强感，对比度低的有弱感。

（4）色彩的明快与忧郁

色彩明快与忧郁感与明度和纯度有关。明度高而鲜艳的色具有明快感，深暗而混浊的色具有忧郁感；强对比色调有明快，弱对比色调具有忧郁。

（5）色彩的兴奋与沉静

这个方面与色相、明度、纯度都有关，其中纯度的作用最为明显。在色相方面，凡是偏红、橙的暖色系具有兴奋感，凡属蓝、青的冷色系具有沉静感；在明度方面，明度高的色具有兴奋感，明度低的色具有沉静感；在纯度方面，纯度高的色具有兴奋感，纯度低的色具有沉静感。因此，暖色系中明度最高纯度也最高的色，兴奋感觉最强；冷色系中明度低而纯度低的色最有沉静感。强对比的色调具有兴奋感，弱对比的色调具有沉静感。

（6）色彩的华丽与朴素

有色系具有华丽感，无色系具有朴素感。强对比色调具有华丽感，弱对比色调具有朴素感。其中补色对比最为强烈，也最为华丽。

色彩的情感表现是丰富多彩的。对色彩的学习一定要注意，不能只停留在记住了这些描述上，而应当深切地感受到和领悟到。只有这样才能够使得对色彩的感受变成自己的直觉，才能够灵活而准确地运用好色彩。

图2-2-13是多组不同情感的色彩并置图，通过仔细观察和体会，可感悟出其中丰富的情感倾向。

6. 无色彩

黑、白、灰色被称为无色彩，也称为中性色、无色系。黑白灰只有明度的差别没有色相的不同，它们有一个很大的应用特性是与任何色彩组合都能够取得协调。另外金、银色也通常被列为无色彩范围，在色彩构成中，它们与黑白色一样能够同任何色彩协调。

如果从色彩的调和能力上来说，平时人们所说的“大地色”也比较容易与其他色彩取得协调，也说就是说使用起来比较好掌握。万物生长在大地上，大地是万物的母亲，这个色系的最大特点是明度和纯度不高而且属于暖色系，给人的感受是厚重、中和、包容、温暖。棕色、卡其色、土红色、土黄色等都属于大地色系。

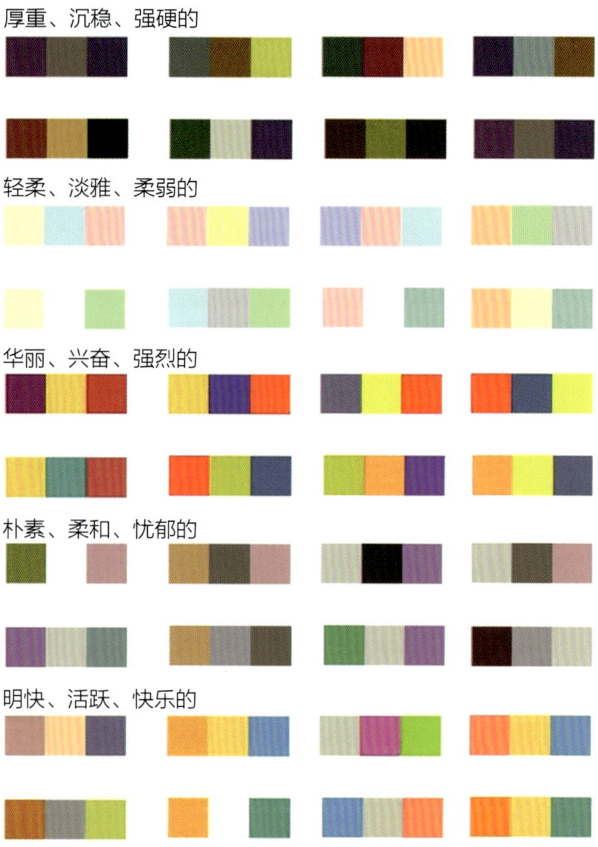

图2-2-13　色彩的不同情感倾向

对于黑、白、灰要有一个更深入的理解，不要以为它们色彩单调缺乏表现力，恰恰相反，它们有着不仅丰富而且独具特色的表现力。理论上讲三原色混合是黑色，但是由于每种颜料的组成成分以及原料的纯度等多方面因素的影响，混合得到的通常是非常丰富的体现不同色彩倾向的灰色调色彩。当红色偏多的时候，这种灰色就偏暖；当蓝色偏多的时候灰色就有冷色倾向；黄和蓝偏多的时候就偏绿；红和蓝偏多的时候就偏紫，再通过不同明度的调整，就得到非常丰富而独具特点的灰色调表现力。美术上有“高级灰”的说法，就是纯度比较低而色彩倾向微妙的色彩组合。高级灰柔和、稳定、统一、祥和，沉静、含蓄而不张扬，没有冲突感，没有强烈的视觉冲击和强烈的表现特征，因此更具内涵而耐人寻味。

高级灰在生活中普遍存在。在时尚领域，往往

图2-2-14　不同色彩倾向的高级灰

是被知性的、理性的，讲究身份而矜持的群体人士接受。高级的大牌服装也往往在高级灰的方面做得更好。妆容方面也是一样，在日妆和裸妆中运用得恰到好处，就如同轻音乐一般清新优美；在晚宴和烟熏妆方面运用得精彩就如同交响乐一样大气恢弘，高贵、深邃而耐人寻味。这是一个很高的目标，要在实践中努力追求，在这个过程中会使自己的专业素养和艺术修养得到很大的提高。（图2-2-14、图2-2-15）

图2-2-15　时装色彩中的高级灰

7. 色调

色调就是色彩表现上整体的或主要的色彩倾向的统一性。任何美丽的东西，其色彩上一定是调和的，这种调和体现在多种不同的色彩中，有一种总体的色彩倾向起到统领全局的作用，这种总体的色彩倾向称为色调。所谓总体的色彩倾向，就是可以有多种颜色组合在一起，但是在总体上有一种共同的倾向或有一种起主导作用的色彩，这个倾向或色彩起到主体的引领作用。如果在多种色彩中，没有主次或没有统一性，整体上就会显得支离破碎，凌乱而缺乏美感。做个形象的比方：色彩的组合如同钢琴上的键盘，如果按照一定的规律弹奏出来就是优美的乐曲，如果杂乱无章地敲打就是噪音。色调就是色彩组合中起到统领全局旋律作用的色彩倾向。（图2-2-16）

8. 色彩的对比

色彩的对比就是两种或两种以上的色彩并置形成对比所体现出来的不同感受。几种色彩放置在一起得到不同的对比的效果，有明度对比、色相对比、纯度对比、面积对比等。

由于不同明度的对比，形成了高调、中调（灰调）、低调三种情况。高调显得亮丽、轻盈、兴奋、

图2-2-16　统一和谐的色调

图2-2-17　鲜明醒目的色彩对比

活跃、积极等；中调显得中和、明快、自然、和谐、含蓄、淡雅、柔和等；低调显得深沉、庄重、沉稳、神秘等，色彩艳丽的会形成华丽、高贵的感觉。

色相对比由同类色和对比色形成两大种类的对比。同类色对比形成不同程度和谐而优美的感觉；对比色对比形成不同程度强烈而丰富的视觉感受，要取得和谐需要按一定的规律来进行。（图2-2-17）

纯度对比相对明度对比和色相对比来说要柔和、含蓄，容易取得和谐优美的色彩感受，因为它是同一种颜色的不同明度的差别。

面积对比往往体现的是谁是主导作用的现象，在形成色调中起到很大的作用。

利用不同的对比能够创造出强烈的视觉冲击效果，使妆面美轮美奂，极具表演和展示性，在创意妆和舞台化妆应用比较多。在生活妆中适当地运用，能够起到别致、精巧、突出的效果。（图2-2-18）

图2-2-18　紫色调的妆面

9. 色彩的调和

色彩的调和就是两种或两种以上的色彩按照一定的规律组合在一起形成和谐统一的视觉感受。

色彩的调和有类似调和、对比调和。类似调和可以理解为邻近色的组合，其特点是很容易得到色彩的协调统一，总体的感受和谐优美；对比调和可以理解为对比色组合，其特点是对比强烈，具有很强的表现力，需要通过一定的方法才能形成和谐统一的视觉感受。

色彩，是一个十分博大的学问，对色彩的认识和理解的深度以及对色彩运用的能力，是一个人美学修养和艺术造诣高低的重要体现，因此化妆师有必要在这个方面进行专门而深入地学习，并在学习和实践的过程中不断地感悟和积累。（图2-2-19、图2-2-20）

三、关于形态与构成的基本知识与运用

1. 线的性格与表情

直线的感觉比较概括，具有简洁、干练、平和、力量、直接感，有男性美感特征。其中短线性格特征更突出；长线能够削弱性格表现。水平线给人以开朗、平和、安详、静谧的感觉；垂直线给人以崇高、挺拔、庄重的感觉；斜线具有不安、动

图2-2-19　色彩对比强烈，时尚靓丽

图2-2-20　色彩统一和谐，色调典雅柔和

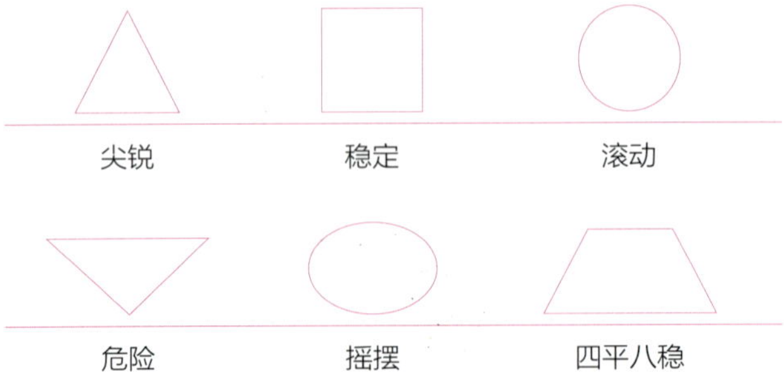

图2-2-21　不同形的性格

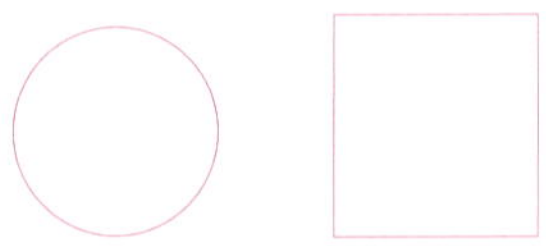
图2-2-22　并列呈对立关系

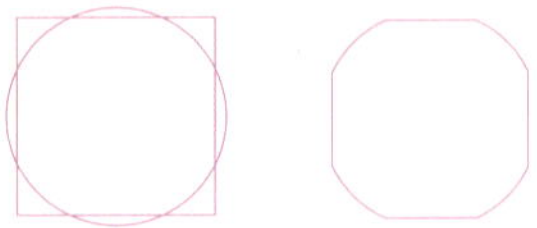
图2-2-23　复合　复合形

态、失衡的感觉，如果有了方向性，动态和不安中就有了积极和消极的区别，向上的积极；向下的消极。折线随着角度的变化从平和到强势感由弱到强。

曲线的性格和表情更为丰富，因此美感上更富有表现力。曲线总体的感觉是灵活、柔美、变化、活跃、神秘、富有吸引力。不同的曲线具有不同的动感、柔美感、神秘感和诱惑力。

2. 形的性格与表情

化妆，一方面要很好地运用色彩的表现力，另一个更重要的方面是对形的塑造。化妆本身就是一种造型的艺术，通过塑造不同的五官形和形的组合，实现美化人物形象的目的。形是根本，是基础；色彩是形的外在表现。因此，化妆最基本的是对形的理解和认识，它不仅能够帮助我们塑造出美好的五官形态，还能够在表现人物性格等方面起到非常重要的作用。

世界上每一种物的形体之所以形成不同的形状，都有其自身的形成机理和因果，形一定是反映内容的，因此不同的形也都包含着不同的内涵。不同的形都能够给予人不同的感受，因此要通过形相关知识的学习，对形和形的构成规律有一个比较深入的认识，才能够很好地运用。

在形态学中，所谓形的性格，是说不同的形能够给人以不同的心理感受，比如方形给人正直、稳重，棱角分明的感受；圆形给人以圆滑、饱满，滚动灵活的感觉；三角形给人凌厉和固执尖刻的感受，当它倒过来的时候又极具危险性；椭圆形具有摇摆不定性；梯形则表现得四平八稳等。（图2-2-21）

对这些基本形的认识和感受，是感受复杂形态的基础和出发点。任何复杂的形，都是由这些基本形演化或复合而来，因此，对这些基本形的理解和感受，是感受复杂形态的基础和出发点。这方面的内容，对于怎样观察和表现人的不同美感和性格、气质特征都有非常重要的作用。这方面的内容将在第二部分教程中进行深入学习。

3. 形的并置与复合

形的并置就是不同的形并列放到一起而形成不同的表现形态（图2-2-22）；复合是不同的形状重合到一起形成新的形态表现（图2-2-23）。形的并置与复合会在视觉上引起对立和统一两种不同的感受。方和圆并列的感受是对立的；圆和圆、方和方并列的感受是统一一致的。线的并置，平行线给人的感觉是平静、均衡、和谐；下斜线给人的感觉是松懈、消沉、滑动；上斜线给人的感觉是努力、用力、积极。多条线方向一致起到强调作用。

方和圆并置感是冲突的，当它们复合就形成了具有方和圆两种包容感的新形态。这种新的复合形态，由于方和圆的程度不同，就呈现出多种不同的形态感受，形成不同的性格特征，在化妆中就是人的脸型性格的表现。

四、关于视觉的规律

人的视觉，具有很大的主观性。所谓主观性，一方面是说人看到的东西往往受每个人自身主观方面因素的影响，包括喜好、情绪、心理等；另一方面，人眼睛的视觉有一定的规律性，会受到多种因素的影响，所见未必就是客观真实的存在。前面关于色彩的视觉现象，都是人眼的这种视觉特点导致，因此我们要了解并很好地运用这种视觉规律，通过适当的方法，来实现美化人物的目的。

一个妆面怎么样吸引人的视觉，什么样的情况能够让一个人的美丽更显得突出、与众不同，这些都能够利用视觉规律得到实现。

这里首先通过几个视觉实验，来认识一下视觉的一些现象。

几个人在一起，同时闭上眼睛一会儿，然后猛然睁开眼睛看图2-2-24，然后回答两个问题：第一眼看到的是哪个地方？最后眼睛会停留在哪个地方？

这两个问题每个人的回答都不太一样。再用同样的方法看图2-2-27，然后还是回答上述两个问题。

这个时候几乎所有人的回答都会一致：第一眼看到的是红圆，眼睛扫视了一圈后最后还会是回落到红圆上。

重复上面的实验，分别看图2-2-25和图2-2-28、图2-2-26和图2-2-29。再进一步观察图2-2-30、图2-2-31、图2-2-32，然后总结找出视觉规律。

这几个实验的结论是：与众不同的色彩，特殊的形状、大小、虚实、秩序、位置等都能够成为人们眼中的兴奋点，都能够牢固地吸引和抓住人的眼睛。千篇一律的东西往往容易淹没在群体之中，引不起眼睛的注意。

这个视觉实验的意义告诉我们，在化妆的过程中，通过什么样的方法来突出展现人脸上最美丽的地方和掩饰不好的地方。这个原理也告诉我们怎样表现一个人个性美的方法。

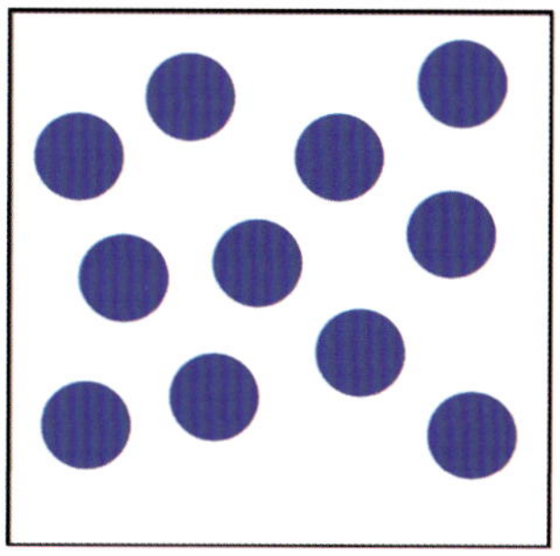
图2-2-24

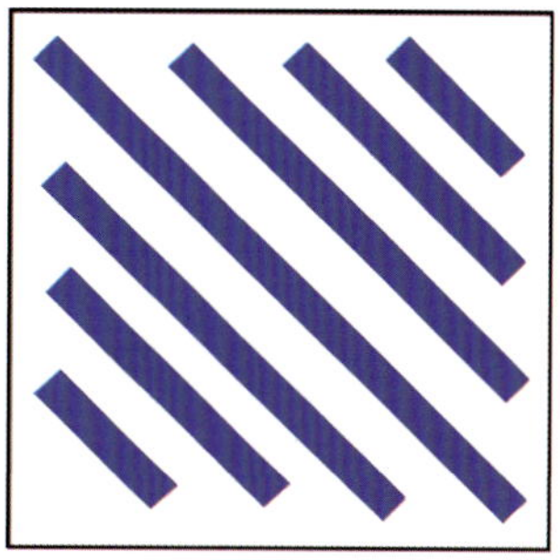
图2-2-25

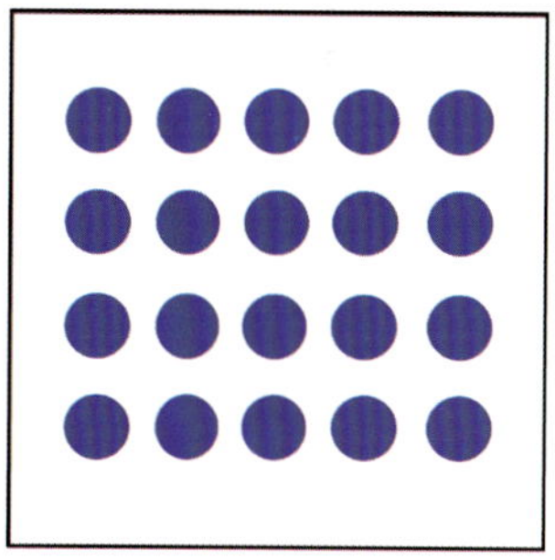
图2-2-26

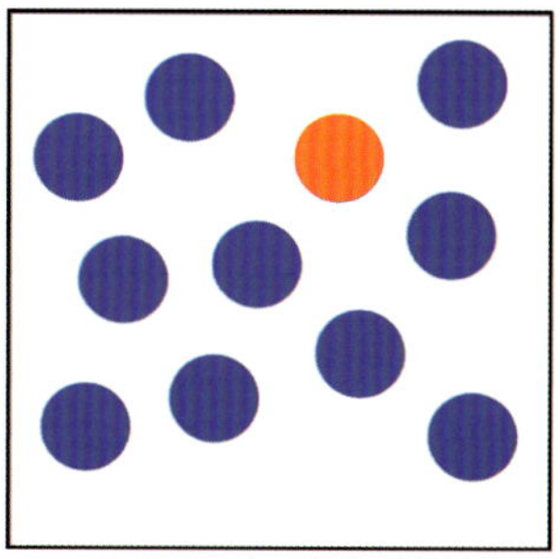
图2-2-27

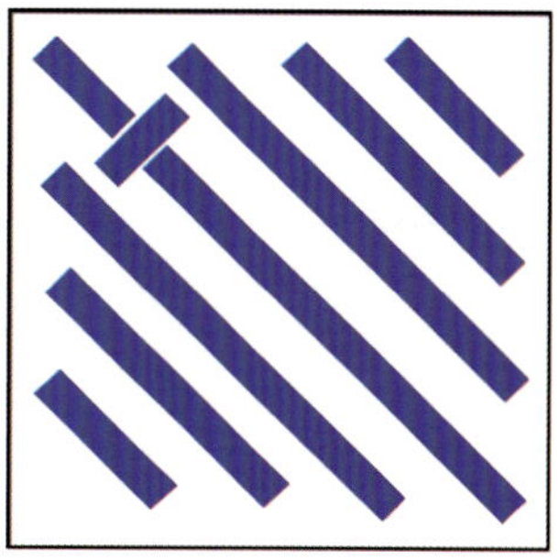
图2-2-28

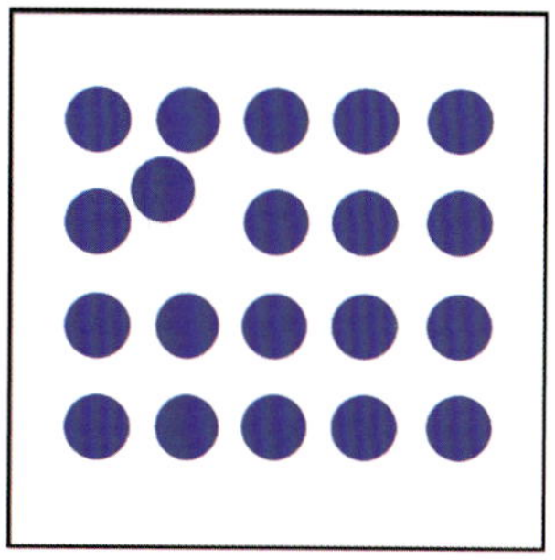
图2-2-29

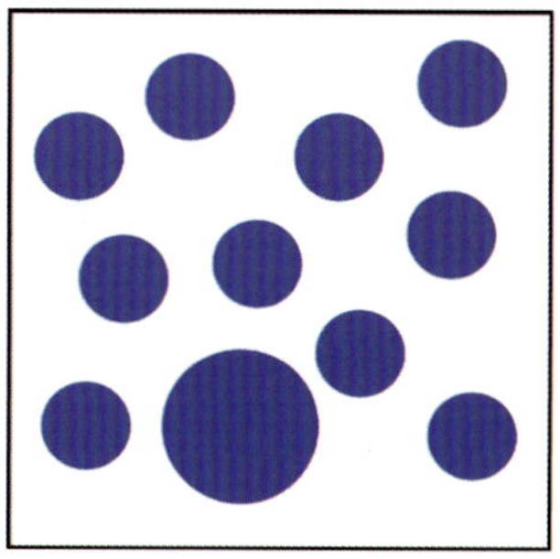
图2-2-30

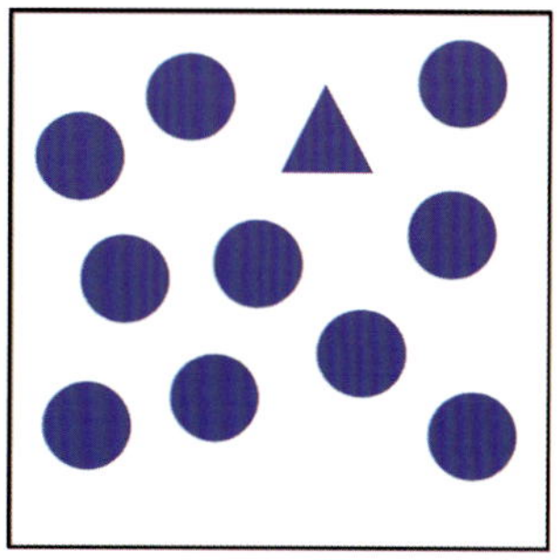
图2-2-31

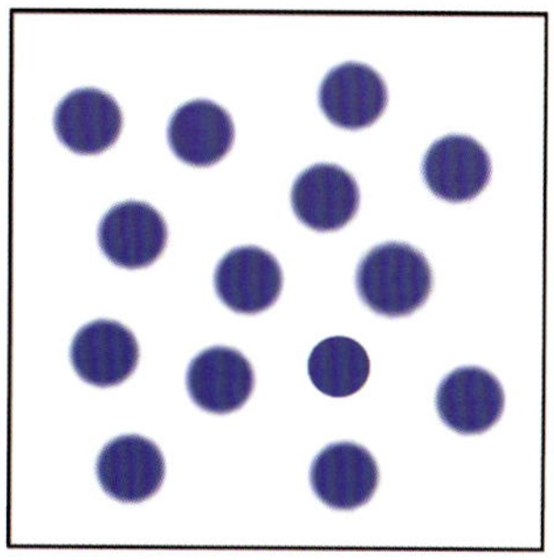
图2-2-32

第三节　脸型与五官的基本结构

一、脸型的分类

中国古代画家把人脸分为：田、国、目、甲、申、由几种不同的脸型。这种分类方法形象而贴切，基本能够概括大部分脸型的特征，见图2-3-1至图2-3-6。

田、国、目三种脸型，实际上是从比例形态上对脸型进行的区分。田字脸，就是脸的长宽比例比较小的脸型，近于正方形；“国”和“目”字脸型比例逐渐加大，也就是脸型越来越长。这里面还存在两种情况，同一种比例的脸型由于具体的方圆感不同形成的差别。比如田字形脸如果脸型棱角比较明显，就是大方脸；如果没有棱角，就是大圆脸。并且由方到圆之间有多种过渡的脸型差别。这一点在学习素描中由方切割出圆形的过程能够很好地理解到。同样，国字脸型中，比较方的就是长方脸，比较圆的就是椭圆脸，有一定棱角的就是菱形脸；目字脸型中棱角感强的就是细长脸，没有棱角就是长圆脸等。下面以国字脸举例图示：见图2-3-7至图2-3-9。

这三种脸型共同的特点是比例相同都属于“国”字脸比例，其中图2-3-7脸型比较方，形成长方脸；图2-3-8比较圆，形成椭圆脸；图2-3-9棱角感比较强，形成菱形脸。

甲、申、由三种脸型分别描述的是具体的脸型特征。甲的特征是额头宽大而下颌尖小的特征，比例好的话就是平时所说的瓜子脸或鹅蛋脸。这种脸型相对较多；申的特征是额头和下颌都小而中间大的脸型特点，棱角感强的，就是菱形脸，而比较圆的话，也就成了圆脸或椭圆脸；由字脸的特点就是

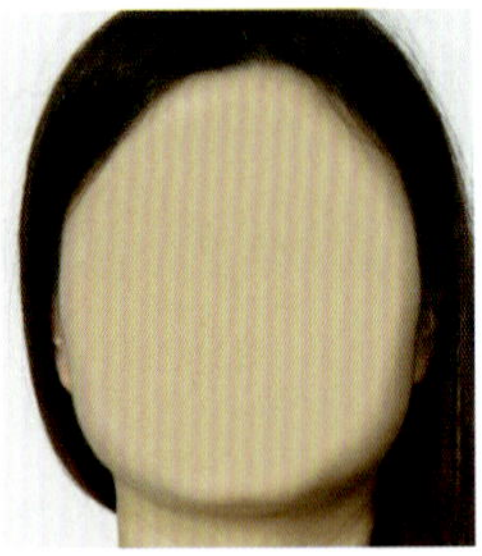
图2-3-1　田字脸

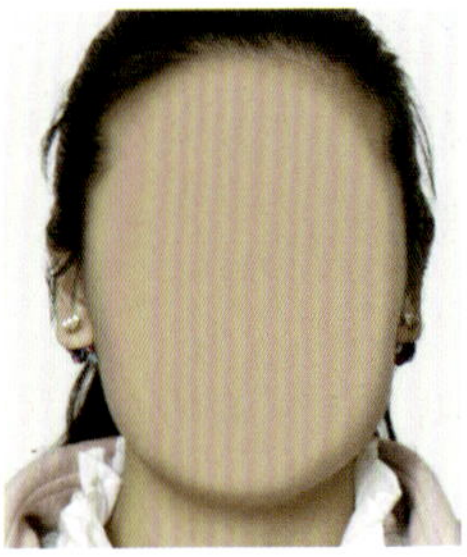
图2-3-2　国字脸

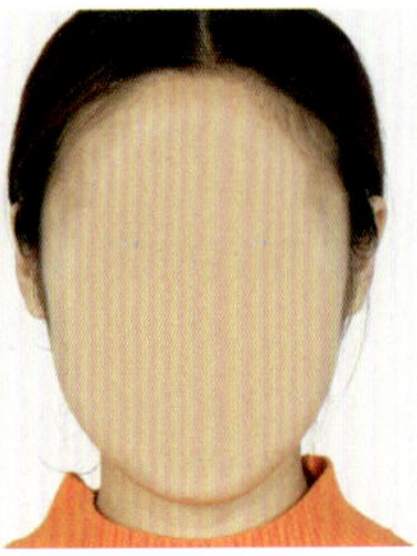
图2-3-3　目字脸

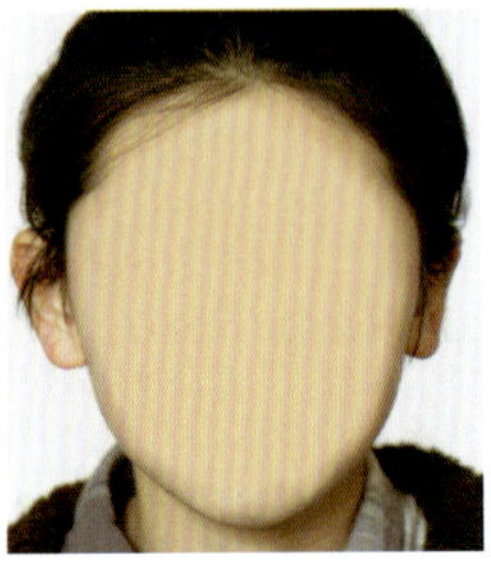
图2-3-4　甲字脸

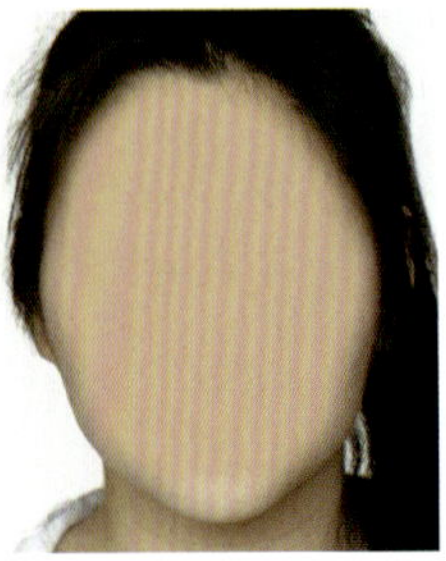
图2-3-5　申字脸

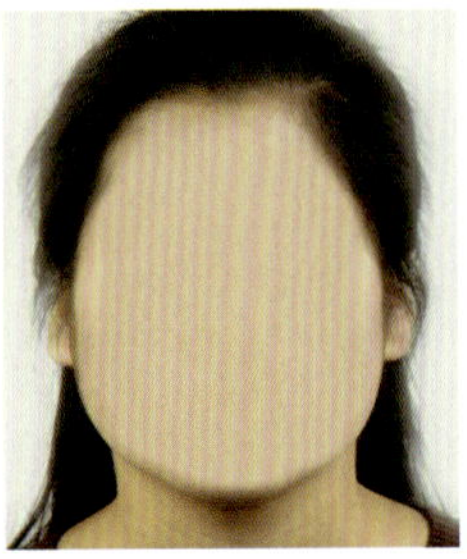
图2-3-6　由字脸

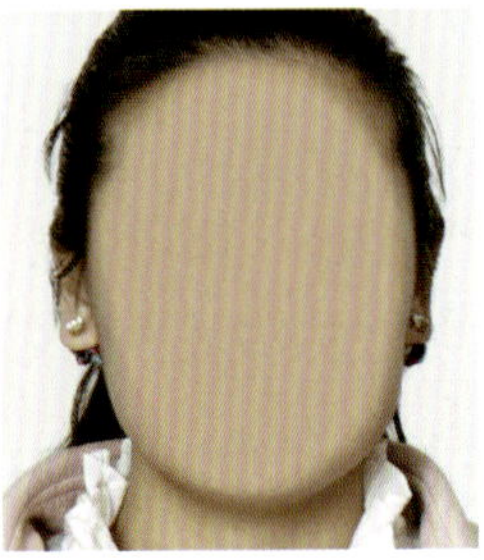
图2-3-7　长方脸

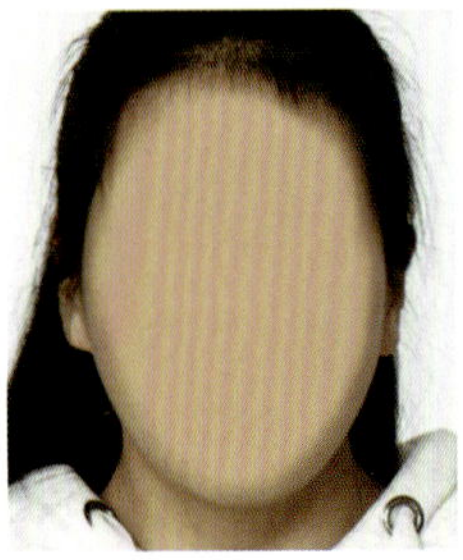
图2-3-8　椭圆脸

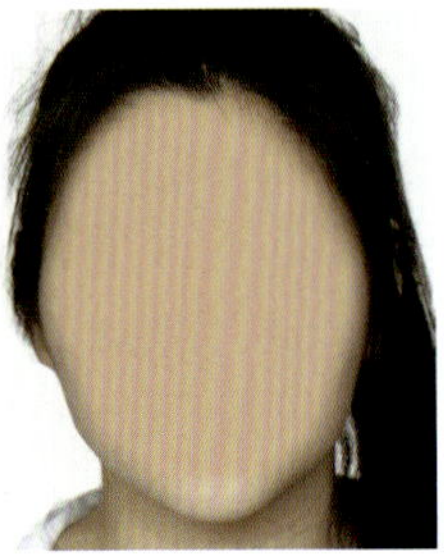
图2-3-9　菱形脸

额头比较窄小，下颌比较宽大的脸型，同样有棱角感强与不强的区别。这种脸型相对少一些，形象比较特殊。

甲、申、由三种脸型表现出来的美感特征不同而差异明显。最富有美感的是“甲”字脸型，其次是“申”字脸，美感不太突出的是“由”字脸。

二、面部五官的基准比例分布

人脸部五官的分布，有一定的规律，这个规律就是“三庭五眼”（图2-3-10）。这里要明白的是这个“三庭五眼”的比例结构，仅仅是一个观察和衡量五官的一个基准参考，而不是死的教条。并不是所有的妆面都要按照这个标准来矫正。它只是一个参考标准，并且不同的五官分布状态，也反映着不同的美感和性格特征。

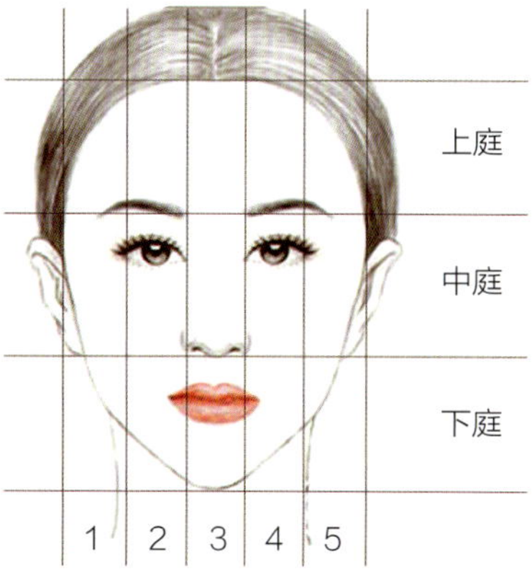

图2-3-10　三庭五眼

第四节　化妆的基本程序

化妆的技法和用品用具，随着时代的发展越来越丰富，各种技法和更好的用品与工具，也不断地推陈出新。基础的学习，要掌握最基本的技法，并要在学习和工作中不断地吸收新的东西。对于基本技法的学习，也要活学活用，要懂得每一种画法的目的和要点以及它们的原理。理解原理和掌握技术要点，是深入学好化妆的关键内容。不能只简单地学习表层的东西和机械地模仿，不能仅限于学习若干种具体的化妆技巧和技法，要学会方法。学会方法，就要懂得原理和掌握规律。化妆的方法不是死的，也不是固定的，每个人在技术熟练的过程中都有可能发现更适合自己的或者值得推广的新技巧、新技法，因此要主动地、有创造性地进行学习。

一、化妆的基本步骤

化妆的过程，如果从内容上来分需要四个阶段来完成：观察构思→底妆制作→形体塑造→整体调整，见表2-4-1、表2-4-2。

观察构思，是对被化妆者的相貌特征进行观察概括，找出优缺点并确定妆面化妆的目标和化妆方法的过程。前面讲到的化妆的三个内容就是在这个过程中形成和确定的。哪些地方要突出表现；哪些地方需要进行改造，如何改造；哪些地方需要进行遮挡和掩饰等。经过这样的观察分析和构思，就会做到心中有数，为化妆的顺利进行做好准备。在这个过程中，还要注意与被化妆者的沟通和交流，在交谈中了解判断她的性格、喜好、职业、家庭等背景情况，一方面印证自己的判断，另一方面调整自己的妆面构思与她的喜好、意向达成一致，并使她认同将要表现的妆容。

底妆阶段，是一个塑造好皮肤的过程。具体包括：净面、润肤、隔离、打底、遮瑕、定妆、修容等内容。通过使用相应的化妆品处理，改善、塑造一个好的皮肤，为后续的化妆打下基础。

第三个阶段是塑形的阶段，主要包括：修眉、画眉、画眼线、画眼影、处理睫毛、涂口红、打腮红等。

第二个阶段中修容的过程也是塑形的内容，它是对脸型的矫正和塑造。它是与粉底等融合在一起的，第三个阶段是对五官形的塑造。

最后的阶段是整体调整，从形的美感和性格表现是否统一、色彩的运用是否恰当等方面来整体进行观察和调整。这一步必不可少，因为在具体的化妆过程

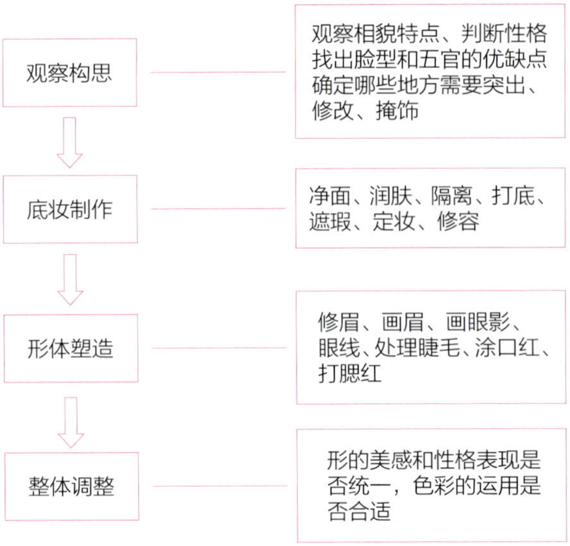

表2-4-1　化妆的四个阶段

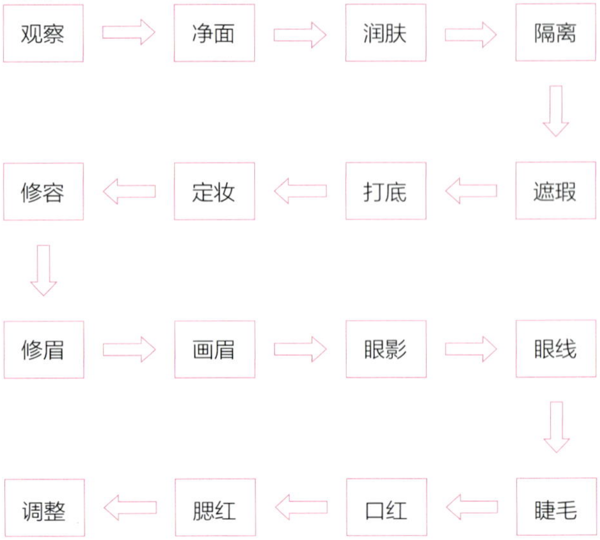

表2-4-2　完整的化妆程序

中，往往容易陷入局部而忽视了整体，所以一定要最后进行一次整体的调整。整体调整，不见得就一定放在最后阶段进行一次性调整，在化妆的具体过程中，能够经常性地反复比较局部与整体的效果是一个良好的习惯，这样在最后的整体调整中需要做的就会较少，也就意味着妆面表现的相对成功。

在具体的化妆过程中视具体情况有些步骤和顺序可以灵活掌握。比如修眉，如果眼眉需要进行较大的修剪的话，就应当提前到打粉底前进行。因为修眉的时候常常会破坏打好的底妆；腮红也不见得每次化妆都打；修容与打粉底还有可能同时进行；同样净面和粉底也不一定是化妆的必须步骤，一个皮肤非常好的人，在画生活妆或者裸妆的时候，完全可以省略这个步骤。相反，皮肤问题比较大的人在打粉底的过程中，还常常要增加遮瑕等步骤。皮肤油性很大的人，净面的步骤就是必须的，而且还要采取一些针对性的措施。

通过底妆来塑造一个好的皮肤，对化妆品的依赖度较高，因此有条件的话尽量多地了解不同品牌的化妆用品，掌握其各自的特性和使用技巧。同时也需要掌握相关的美容护肤的知识。

塑形的阶段，是五官具体塑造的阶段，这个阶段是通过突出优点、修残补缺来美化五官。通过对五官形的调整和色彩的运用，与前一个阶段的底妆形成完整的美好妆面。

二、打粉底与定妆

1. 打粉底的目的和作用

打粉底和定妆，是要塑造一个好的皮肤，也是给后续化妆打基础的阶段。皮肤的好坏，在人的美感中占有极大的分量。有句俗语叫“一白遮百丑”，说的就是这个道理。这里虽然字面上说的是皮肤的白，但实际上指的是白皙光洁、细腻无瑕的好皮肤。怎样通过使用合适的化妆品塑造出良好的皮肤，对粉底等相关用品有较高的要求。如果是在生活中用，要选择合适的好粉底，在化妆的学习和短时性的场合化妆中，普通的能够达到化妆效果的粉底就可以。

生活中，人的美貌往往表现为两种情况：一种是好的皮肤所表现出来的美感，另一种是人的脸型和五官的形态所呈现出来的美感。仔细观察生活中的人们，会发现，那些拥有白皙润泽皮肤的人在人群中的辨识度往往很高。好的皮肤能够掩盖脸型与五官的不足，而一些脸型和五官都很好的人由于皮肤的色泽或质量问题，往往需要时间才能被人们发现。前面讲到过，形和色彩对于人的眼睛来说首先被感到的是色彩。这就是一个好的皮肤在美貌中的作用。因此，化妆的底妆阶段，是一个打基础的阶段，也是关乎化妆成败的重要步骤。

2. 粉底的选择

要塑造一个好的皮肤，化妆品的选择十分重要。化妆品在当今的时代品牌众多，各种功能特点的产品非常丰富。粉底的选择，从使用的目的分为生活用和专业用两种。

生活中使用，要根据皮肤特点来选择，皮肤没有质量问题仅仅需要改变肤色，就选择合适的色彩倾向的优质粉底。如果皮肤有问题，要选择具有相应功能的粉底。

如果是作为时效性化妆，就是需要化妆的活动只是持续一定的时间，而不是长时间带妆，就可以先放下皮肤保养的问题，只要不会伤害皮肤、能够达到化妆效果的就可以，比如舞台化妆。一般专业化妆用品大都是这样，有的会在包装上有明确的标识：professional（专业）。

粉底有基础底色、高光色、暗影色三种。基础底色是最主要的，高光色和暗影色是配合基础底色塑造脸部立体感的辅助性底色，用量比较小，有修容棒、双色修容饼等。平时所说的粉底都是指基础底色。

粉底有多种品牌和种类，不乏昂贵的国际大品牌。所谓物有所值，一些好的粉底，特别是一些正规品牌的液态粉底，不仅能够很好地改善肤色和肤质，还有一定的营养成分，长期使用不会伤害皮肤。在平时的学习中，要配备几种深浅不同的粉底，来适应不同肤色的人。

3. 打粉底的方法

（1）拍抹法

就是手拿海绵，蘸上适当的粉底，在脸上拍按下后并向一侧抹去，这是一个很普遍的手法，特点是粉底涂抹均匀，附着力强，效果自然。（图2-4-1）

（2）拍点法

就是直上直下地拍打，通过频繁的垂直拍打，使粉底均匀地涂在脸上。这种方法要注意力度的掌控，其特点是粉底与皮肤结合得更为紧密，但也容易使得粉底过厚，出现不均匀的情况，这种方法用于局部调整和提亮、遮瑕比较好。

（3）平抹法

就是用海绵或粉底刷涂抹粉底，这种方法能够很好地将局部过厚的粉底推开。

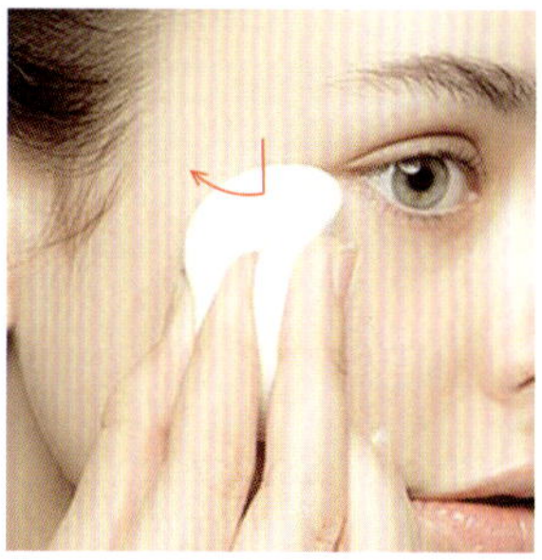

图2-4-1 拍抹法

图2-4-2 散粉刷定妆

以上第一种方法实际上是后两种方法的结合，集中了各自的优点，因此比较常用。当然每个人对不同的手法掌控是不一样的，只要能够达到良好的效果，就可以灵活应用。

（4）揉刷法

这种方法适用于那种圆柱平头粉底刷，蘸上适量粉底，以螺旋揉刷的方式涂刷，效果良好，能够表现出皮肤均匀细腻的毛孔质感。

打粉底，一般是从脸部中央开始往两边推，在鼻梁两侧和眼窝处要注意打得均匀，不要有遗漏或粉底堆积，手法上拍、抹交替使用。液态粉底可在脸上按一定顺序排列，均匀地点上，然后推开，方向上要有规律地进行，不能乱抹。

（5）定妆

定妆粉具有吸油吸湿的作用，能够改善肤质和提高妆面的长久性。在打完粉底后用粉扑蘸适量的蜜粉或散粉，用按压法均匀地拍在脸上，要放慢速度，一定要注意在拍的过程中，不能有“抹”的动作，这样容易破坏粉底。然后用弹粉刷轻轻地将多余的浮粉弹掉。

另一种定妆的方法是用散粉刷来定妆，轻薄均匀效果也很好。（图2-4-2）

三、修眉和画眼眉

1. 修饰眼眉的目的和作用

从化妆的角度上来讲，眼眉是化妆中最重要的一个内容。因为在人的脸上，眼眉是唯一一个能够给化妆师最大修饰空间的部位。而且眼眉在五官的美感和性格、气质特征的表现上是最为直观的。很多人往往仅通过眼眉的修饰，容貌上就能够得到很大的提升，性格和气质就能够得到不同的表现。

图2-4-3　眼眉的各个部位

眼眉的修饰，通常是需要经过修眉和画眉两个方面来进行。

修眉是用修眉刀和修眉剪来完善和改变眉形，使用最多的是修眉刀。在不容易下刀的地方，如果是细小的毛发，可以用镊子拔除，如果是比较粗大的眉毛要用修眉剪剪掉。修眉剪要选择那种尖端细小的剪刀，能够一根一根修剪眉毛。

2. 画眉的方法和要点

眼眉通常习惯上分为眉头、眉腰、眉峰、眉尾几个部分，见图2-4-3。概括性地来看眼眉，实际上是由眉腰和眉尾两段线条组成。这两条线的粗细、弧度和组成的角度不同，就形成了很多种不同形态的眼眉。

画眼眉的时候一般也要用两笔画法来画眼眉。就是确定好眉头、眉峰和眉尾的位置，然后一笔画出眉腰，第二笔画出眉尾，从而确定眼眉的主干形态和走向。然后以这个主干形态走向为依据，根据想好的具体眉头的形态、眉腰的形态和眉尾的形态，逐步扩展画出眼眉的整体形态。图2-4-4

具体扩展眉形的方法有四种方法：如图2-4-5最简单，容易掌握，但是要预留眼眉向下位移的位置，并且眼眉的方圆感受到一定的限制，适合画棱角感强的眉形；图2-4-6和图2-4-7的方法能够有更多的余地调整眼眉的方圆形态，不容易跑形，掌控也比较灵活；图2-4-8掌握起来难度稍高一些，容易跑形，但是可以更自由地画出想要的具体眉形。

图2-4-6和图2-4-7的画法，实际上是从眼眉生长结构的角度来画的一种方法，比较科学，能够画出自然、真实、生动的眼眉，这方面的问题将在后面关于眼眉的章节再进行深入讲述。

3. 怎样画出对称的眼眉

画出对称的眼眉，是考验化妆师眼睛敏锐力的一个方面。要画出完全对称并一致的眼眉，严格上来说不可能，只是感觉基本一致就好。化妆工作需要追求极致，也是一个严谨的工作，但是要看到一个现象就是：人如果从中间分开，两侧没有完全对称的。这种现象在人的脸型中比较明显，并且在少数美貌的人的脸上，这个特点却成为她的相貌特征。比如泰国前总理英拉的美貌得到世人的公认，但是她的脸型就呈现出明显的不对称，并形成了她特有的美感和气质。

图2-4-9是分别把一个人的右半部脸和左半部脸重组形成的形貌与原本形象的对比。

这里一定要明白，这个现象不是鼓励我们可以画得不对称，而是让我们知道这是一个特殊的存在。不能用不对称来掩饰技术上的欠缺和妆面的不足。有些东西需要运用得恰到好处才能够发挥出好的作用。

画出对称眉形的方法：

（1）确定两个眉头的位置。

（2）确定两个眉峰的位置。

（3）确定两个眉尾的位置。

（4）分别连接眉头和眉峰、眉峰和眉尾，确定眼眉的主干形态走向，然后离开一定距离来观察。

图2-4-4　眼眉主干

图2-4-5　眼眉画法1

图2-4-6　眼眉画法2

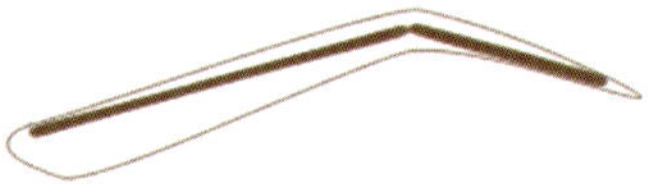

图2-4-7　眼眉画法3

图2-4-8　眼眉画法4

远看能够很准确地看出问题，发现问题及时纠正。

（5）画出眉头并扩展眉腰的粗细和画出眉尾的形态，不断进行左右比较，随时纠正，然后再以一定的距离观看检查、纠正。

以上是初学者比较容易掌握的一个办法。每个人的习惯不同，只要能够画出画准想要的眉形都是好办法。手法熟练后，不需要确定位置而直接下笔就能够画准眼眉。画画和书法中有一个说法叫“形在心中”，只要心中想得清楚、想得明确，手法熟练就能够画得准确。

4. 几种代表性的眉形

（1）标准眉

标准眉是一个弯曲适中的眉形。眉峰的位置基本处在眼眉的2/3处，是一个数量最多的眉形。标准眉美丽端庄、自然平和，几乎能够与所有的脸型协调。（图2-4-10）

（2）平直眉

平直眉就是弯曲度比较小，比较平的标准眉形。这种眼眉直率干练，个性感开始显露。（图2-4-11）

（3）弧形眉

弧形眉就是弯曲度比较大的眉形，眉峰的位置靠近中间。（图2-4-12）

（4）上扬眉

上扬眉是从眼眉的位置上来说的一类眼眉，不是具体的一种眉形。我们把眼眉眉尾比眉头高的叫做上扬眉（图2-4-13）。还有一种眼眉，眉尾不仅比眉头高，而且眉尾形态还上挑，就叫上挑眉。这种眼眉个性张扬、霸气。（图2-4-14）

（5）下垂眉

同样，下垂眉也是从眼眉的位置上来说的，就是眼眉的眉尾比眉头低的眼眉。下垂眉一般比较平直，形态感受除了有消极、孱弱、沮丧外，也呈现出娇媚的美感。如果与不同的眉头形态配合能够强化这些感觉。（图2-4-15）

（6）一字眉

眼眉呈一条直线的眉形。真实的眼眉这种状态比较少，但近年来又非常流行，因为这种眼眉是一个很富有个性的眉形，符合当今这个个性张扬时代的审美。

（7）眼眉的方与圆

以上几种眼眉，每一种在形态上还存在“方”与“圆”两种类型的差别：方的眼眉是棱角感强的；圆的眼眉是棱角感不强，形态比较圆。（图2-4-16）是把标准眉的眉腰和眉尾都改成直线形成的眉形，显得比较“方”，棱角感较强。（图2-4-17）是

图2-4-9　脸型的对称

图2-4-10　标准眉

图2-4-11　平直眉

图2-4-12　弧形眉

图2-4-13　上扬眉

图2-4-14　上挑眉

图2-4-15　下垂眉

图2-4-16　方的眉

图2-4-17　圆的眉

把标准眉的眉腰和眉尾都改成弧线形成的眉形，显得比较“圆”，棱角感不强。两种眉形对比不同的美感和性格特征区别明显。

5. 修眉

在生活中人们真实的眼眉，呈现出很复杂的多种状态：有的人眼眉各个形态要素健全，有的不健全；有的眉形比较完美但形态要素上存在问题；有的眉形不太好看但是形态要素健全；还有的眼眉过于浅淡，有的过于浓重；还有一种情况是眉毛长得凌乱，没有明确的走向等。

形态要素健全的就是眉头、眉峰、眉尾几个形态部位都齐全。这样的眼眉有两种情况：眉形好的和不好的。眉形好看的，自然不需要更多的修饰；眉形不好的，就要用修眉刀进行修剪，修出美丽的眉形，眼眉的表现就会很好。

要素不健全的，经常出现的情况是眉尾的缺失。这种情况需要用眉笔描画出合适的眉形，但要注意后画出的眉尾与眉头的统一和真实感。

修眉的过程中，眉毛能够保留的要尽量保留，它是眼眉肌理的表现，是眼眉真实感的一个方面。如果修眉没有把握，要先画出想要的眉形然后再进行修眉。

修眉刀片的使用：修眉刀片是直的并且有一定的宽度，多用刀刃中部大面积的部位来修眉，能够修出平直的眼眉，有利于把握形状，不要一开始就要修眉刀的两端一点一点地修眉。零碎的刀法不容易控制眼眉的形状，容易跑形。修眉要先直后弯，类似于画眉两笔法，先确定眉腰和眉尾，再进一步确定眼眉的方角圆弯等具体形状。

刮胡刀片的使用：男性用的刮胡刀片，也是一个很好的修眉工具。不仅可以当做修眉刀来用，而且有自己的使用特点和方法。用拇指、食指和中指压弯刀片形成U形，不仅能够一根一根地修掉眉毛，更适用于修掉眉头下方沟窝里的毛。

6. 选择眉形

日常生活中对于眉形的选择，其实并不难，要学会分析和概括人天生的眉形。只要按照其原本的眉形走向来修饰美化眼眉就能够得到较好的效果。人天生的眉形一般都是比较适合的，它是本人性格的反映，是一个人本真相貌特征的表现。如果要改变原本的眉形，表现某种性格和气质特征的时候，就要结合脸型选择相应的眉形。这方面的问题比较复杂，将在掌握基本的眼眉画法之后再深入学习。

四、画眼影

眼影在妆面中起到非常重要的作用。由于眼睛是个球体镶嵌在眼眶内，因此眼影类似于画在球体上，所以眼影的晕染，就如同在学习素描中画球体的调子一样，要点就是晕染过渡的层次要丰富而细腻，才能够表现出良好的效果。经常有初学者不懂得这个问题而把眼影画成一个平面，使得眼影生动感不强，没有表现力。

1. 眼影晕染的方法

眼影的晕染，一种是点推法，就是从一个点开始向外揉推扩展，见（图2-4-18）；另一种是平推法，就是从一条线开始向一个方向平扫晕染，见（图2-4-19）。

点推法的特点是一个点色彩最深，层次呈放射状过渡；平推法的特点是层次呈带状过渡。根据想要画出的眼影形状采取相应的手法，也可以两种手法结合使用。

由于不同的眼影制成的材料不同，性质差异和质量差异也比较大。一些眼影比较容易上色，有一些上色程度稍差。因此在涂眼影的手法上也不同，上色好的眼影，用轻轻涂刷的方法就能够达到较好的效果；上色较差的，就要采用揉擦法，就是眼影刷蘸上眼影后，按在眼睑上，以画圆圈的方式揉擦，然后向外扩展推出。晕染的具体手法可以灵活掌握，只要能够达到预想的效果，什么手法都是好的。（图2-4-20至图2-4-22）

2. 眼影的形和排列

用不同形状的眼影和不同排列的方法能够形成形态各异的多种眼影。再配合不同的色彩，就形成了非常丰富的眼妆美感表现。眼影在生活妆中能够很大改善眼形和美化眼部，而在艺术化妆中，眼影部位则是脸上最富表现力和创造力的一个地方。

眼影的基本形态和画法：

（1）对称法和非对称法

对称法又称普通法，顾名思义就是左右对称的

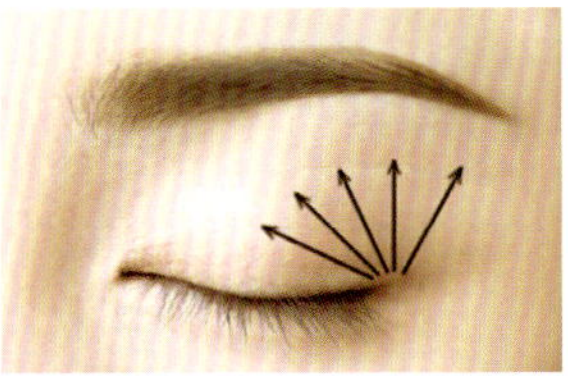
图2-4-18　点推法

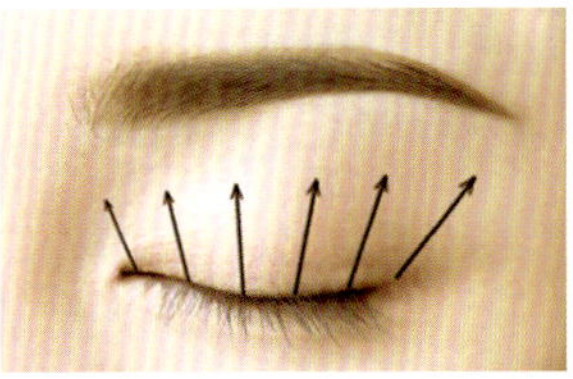
图2-4-19　平推法

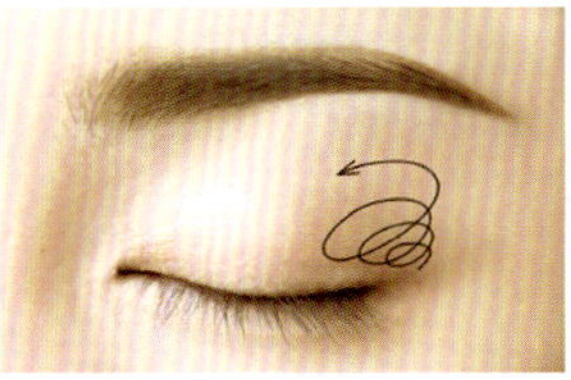
图2-4-20　螺旋点推法

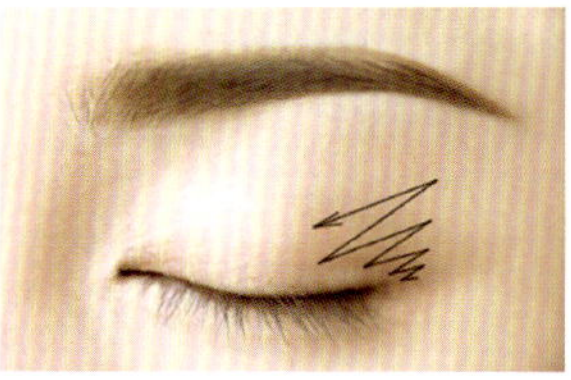
图2-4-21　平扫点推法

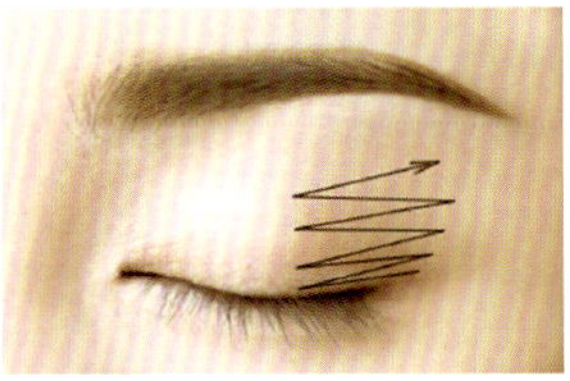
图2-4-22　平推法

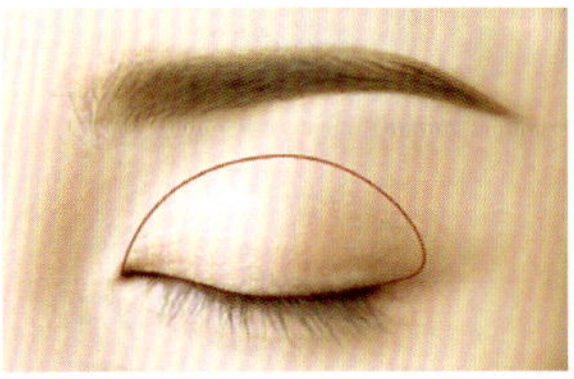
图2-4-23　普通法

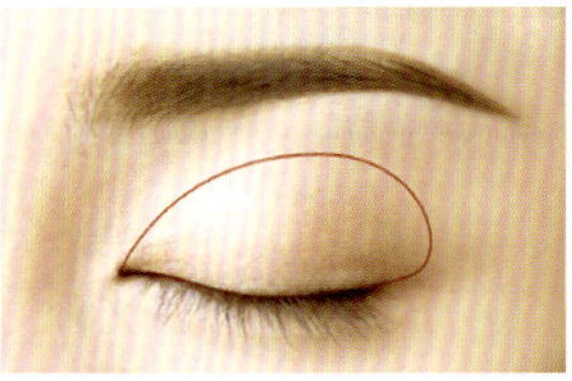
图2-4-24　魅力法1

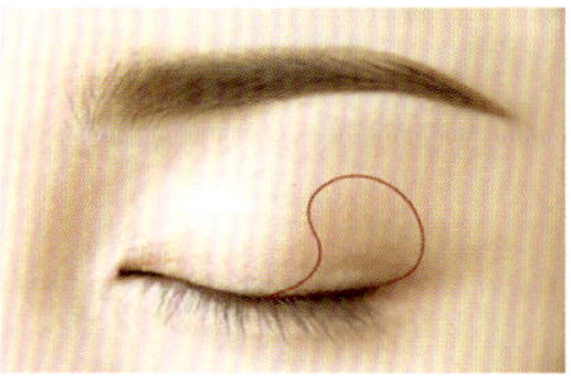
图2-4-25　魅力法2

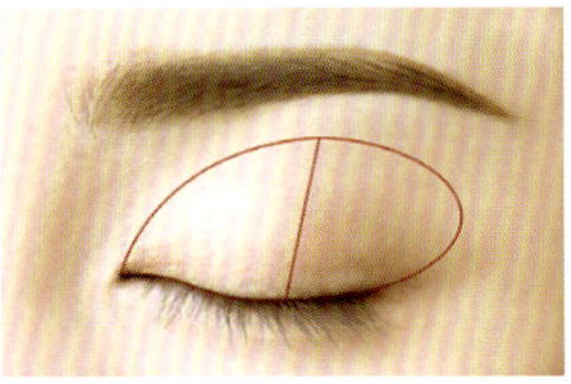
图2-4-26　二分法

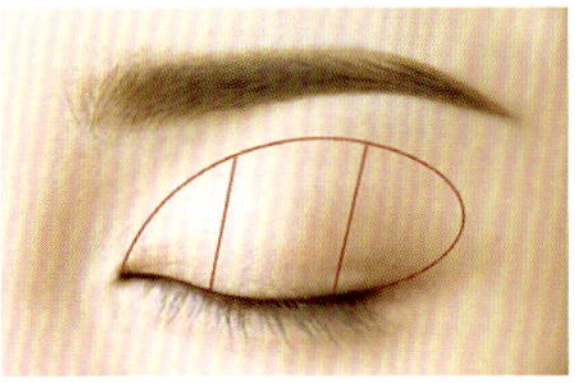
图2-4-27　三分法

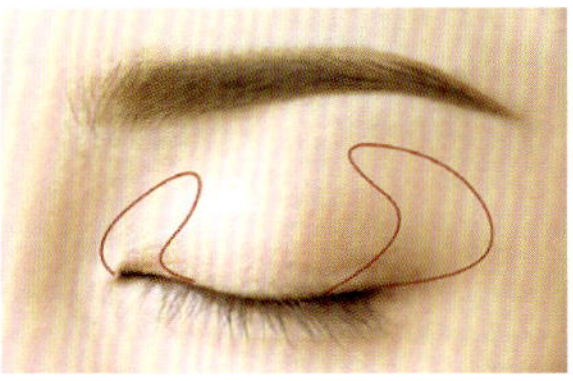
图2-4-28　横向二分法

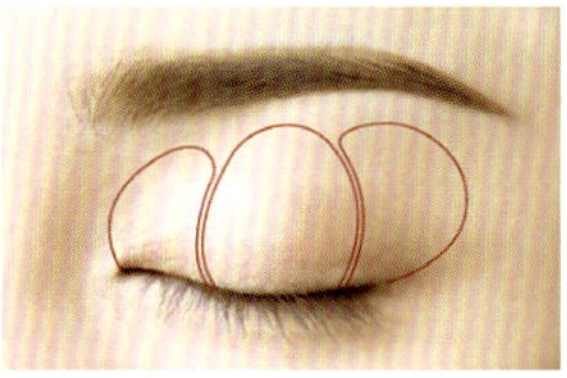
图2-4-29　横向三分法

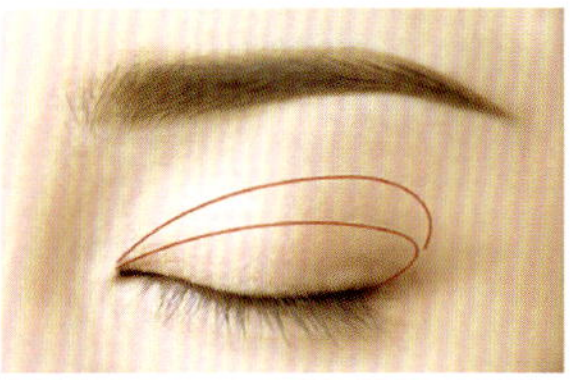
图2-4-30　纵向二分法

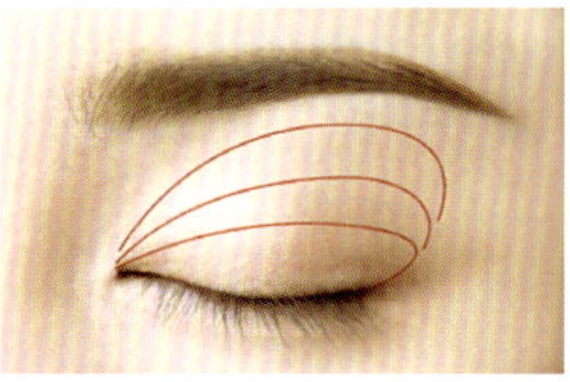
图2-4-31　纵向三分法

画法，见图（图2-4-23）。非对称法又称魅力法，因为这种方式画出的眼影更具表现力，形态变化丰富多样，见图（图2-4-24、图2-4-25）。

（2）分割排列法

当使用两种以上色彩画眼影的时候，就涉及不同颜色的分配问题，通常有二分法、三分法。（图2-4-26至图2-4-31）

眼影的分割和排列以及形状，可以根据需要发明更多的方法。尤其在创意妆面的设计中，大胆发挥想象力，结合鲜明的色彩对比，创作出不同美感和视觉冲击力的眼影。

（3）倒钩法

倒钩，能够突出地表现眼部的结构，骨感突出，但不是所有人都能够适用。它受制于眼眶的结构和眼眉的位置，眼眉生长较低，与眼睛的距离近的眉眼结构不适于画倒钩。倒钩眼影本身是眼部结构的一种表现，这种结构西方人比较多，因此有较强的西式美感。（图2-4-32至图2-4-34）

（4）单色法

当眼影只画一种颜色的时候，可以有多种画法，见组图2-4-35。一种颜色与黑色叠加使用也视为单色法。先画一种颜色，然后再覆盖黑色，色彩表现丰富，具有神秘感。烟熏妆这种技法使用得比较多。

（5）包围法

包围法有两种：半包围和全包围。（图2-4-36至图2-4-38）

包围法对修改眼形非常有用，适用于画烟熏妆。

（6）眼影的罩染

罩染就是在眼影画好后，用一个大一点的刷子进行整体的调整。这个过程可以用干净的刷子，也可以根据需要蘸些颜色调整总体的色彩。眼影的罩染，是一个对眼影整体进行调整的过程，但前期能够做到的尽量做到，不要依赖后期罩染。前期做得

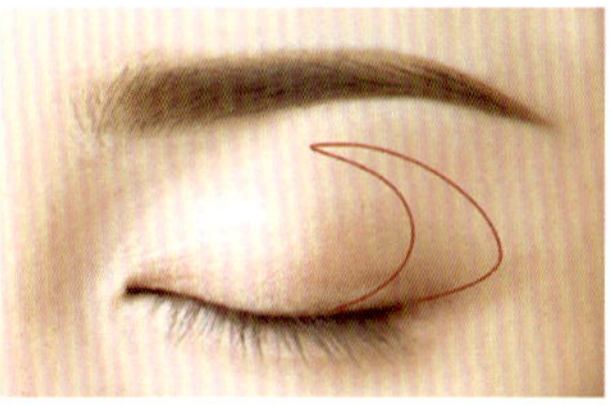

图2-4-32　大钩

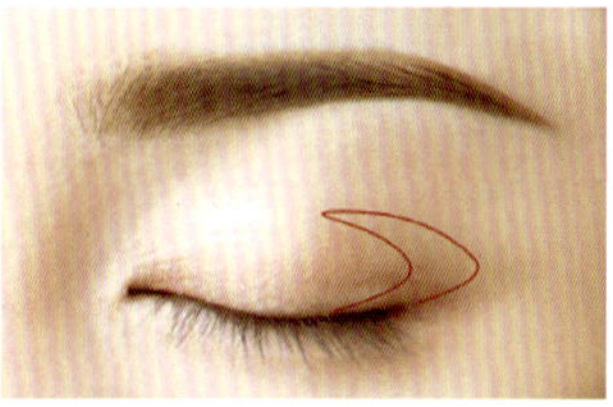

图2-4-33　小钩

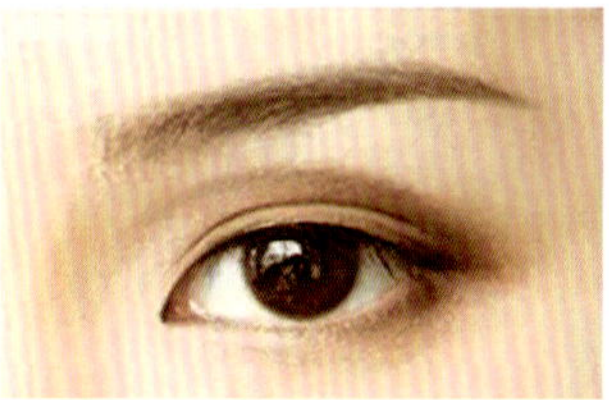

图2-4-34　倒钩眼影

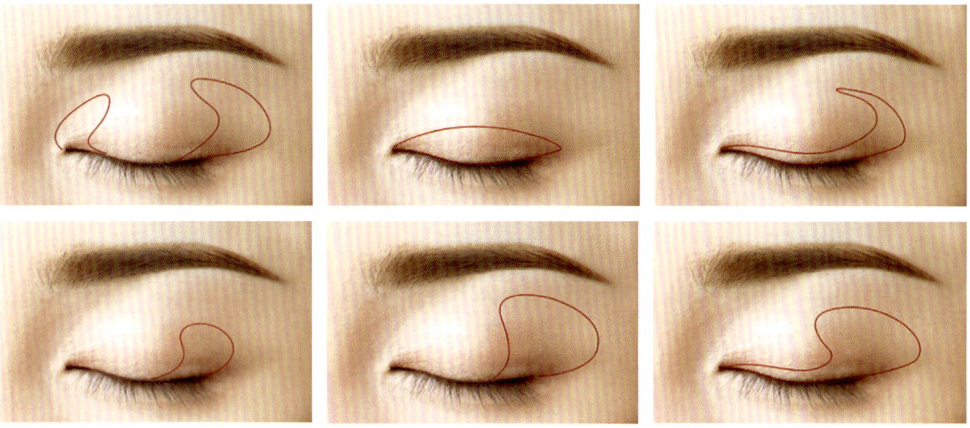

图2-4-35　单色法

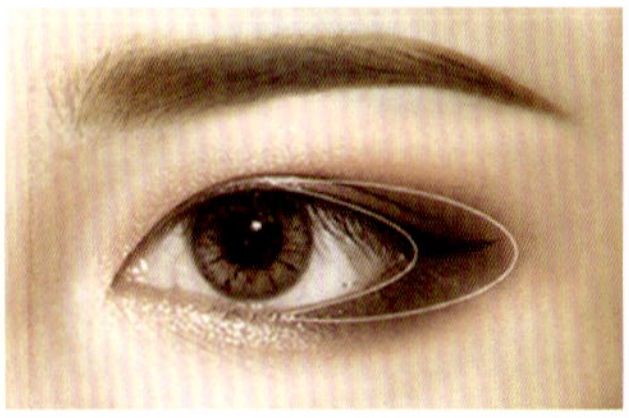

图2-4-36　半包围1

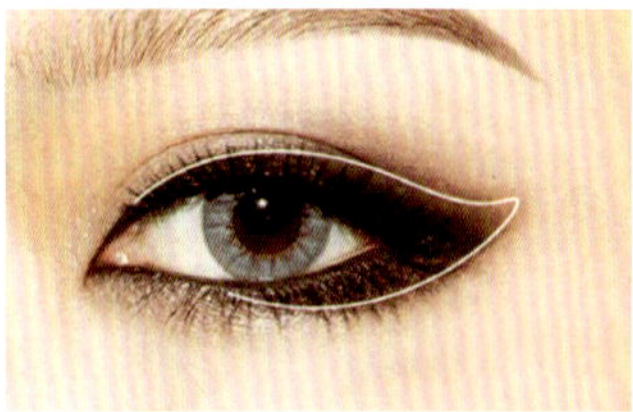

图2-4-37　半包围2

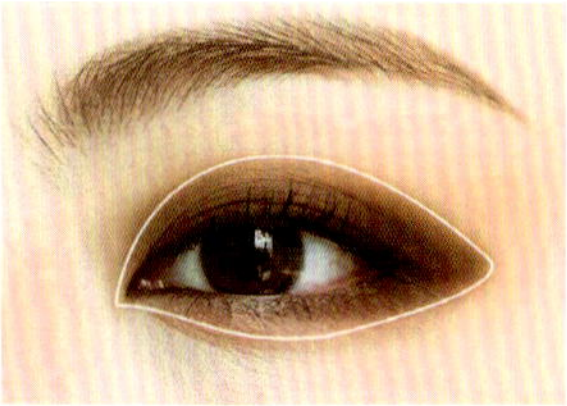

图2-4-38　全包围

很好，可能就不需要罩染。罩染大都用在单色眼影上，使眼影的层次更加丰富微妙。

如果是画彩色眼影，并且是由多种颜色组成的彩妆，一般不适于罩染。要注意不同颜色衔接的过渡，但是在两种颜色衔接之处用干净的笔刷几下，能够形成非常好的颜色过渡，也算是一种罩染。色彩的衔接过渡，同类色和邻近色比较容易掌握，如果是对比色或者补色，就要特别注意衔接处的处理，因为补色和对比色相交很容易产生灰黑色效果，显得发脏。

3. 眼影色彩的运用

眼影色彩的运用，不能孤立地使用，要与服装的颜色以及口红、腮红的等色彩整体考虑，取得色彩上的协调。要充分理解和运用好冷暖色的收缩、扩张、进退的视觉现象，特别是在运用高明度高纯度的暖色眼影时避免呈现眼睛红肿的感觉。掌握不好可以先从大地色系开始练习，或者选用低纯度、低明度的眼影。

五、画眼线

1. 画眼线目的和作用

画眼线能够达到的作用有：增强眼睛的立体感，优化眼形，突出睫毛，增强眼部结构，调整眼睛的位置。

（1）增强眼睛的立体感

画眼线，能够增强眼睛的立体感，使得眼睛有神而好看，从而达到修饰和美化眼睛的作用。

日常生活中光线通常是从上方照射下来。眼睛的结构又是从上到下向里倾斜的（如图2-4-39），上眼线处于背光面而下眼线处在受光面，因此由于影调的作用，上眼睑线加深，就能够很好地表现眼睛的立体感。所以描画上眼线首先起到的作用就是能够突出眼睛的立体感，从而显得有神。比较图2-4-40和图2-4-41，分别是未画眼线和画有眼线效果明显。

（2）优化眼形

通过上下眼线优化眼形，是一个很有效的办法，也是非常普遍的做法。眼形不够美观，可以通过眼线在一定的范围内进行改造（图2-4-42）。如果配合内眼角和外眼角的调整，能够形成飘动、妩媚的眼形，再配合眼影，对眼睛的美化程度就更大（见图2-4-43）。

（3）突出睫毛

很多人画眼线，常常喜欢在外眼角处上挑，但是要明白外眼角上挑的目的和作用。外眼角上挑有一个作用是能够突出睫毛，眼睫毛的感觉比较突出，给人的感觉是上眼睫毛生长得浓密形成而不是画出来的。只要画到位，自然真实感就比较强，很适合裸妆。如果要与假睫毛形成美丽的呼应，就要根据所选择的假睫毛的样式来进行描画，能够和长长的翘卷的睫毛相得益彰，形成动人的美感。（图2-4-44、图2-4-45）

（4）增强眼部结构

上眼线在外眼角处顺势上挑，还能够强调外眼角和眉骨之间的结构感，这方面与眼影配合会表现得更好。眼影大多是在外眼角上方的眼睑处描画，也是建立在眼睛这个部位的结构基础上，见图2-4-46、图2-4-47。在这里要认识和理解眼线和眼影的描画，是建立在眼睛的结构上这个问题，从而使眼线和眼影的描画不至于盲目地进行（图2-4-48），甚至出现违背生理形态的错误。

（5）调整眼睛的位置

通过内外眼角的描画还能够调整眼睛的位置。外眼角与内眼角配合，能够调整眼距和改变眼睛的平衡位置。

画眼线，要有具体的目的，不能不明就里地描画或者跟随潮流，人云亦云。比如在外眼角处顺势上挑是很多人都喜欢的做法，但是要明白它的作用和原理才能够更好地应用。

化妆是一个严谨的创造美的工作，因此每一个地方为什么要这样画，一定要有依据：依据就是要符合这个地方的生理结构和表现形态。当不知道为什么要这样画的时候，就是盲目的和没有依据的。

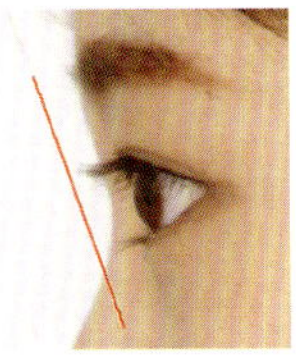
图2-4-39

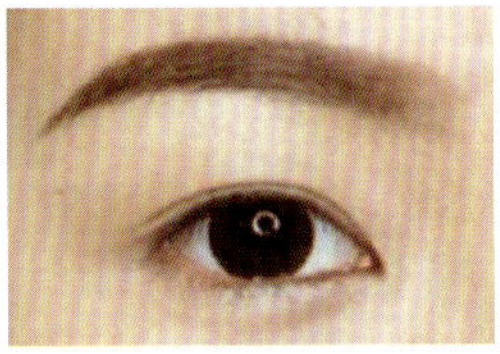
图2-4-40

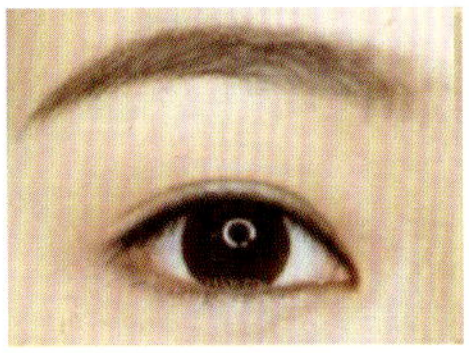
图2-4-41

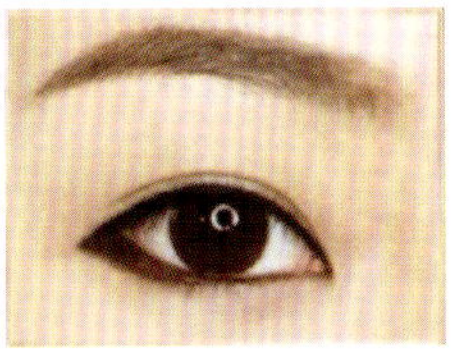
图2-4-42

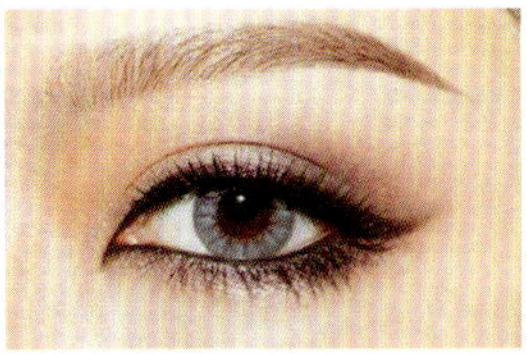
图2-4-43　优化后的眼形

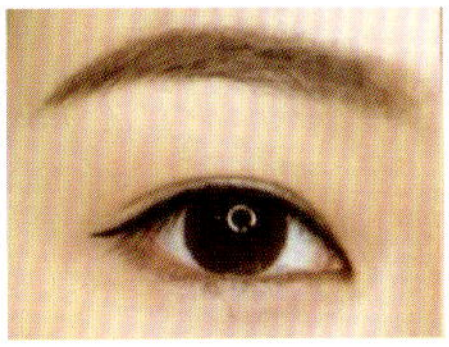
图2-4-44

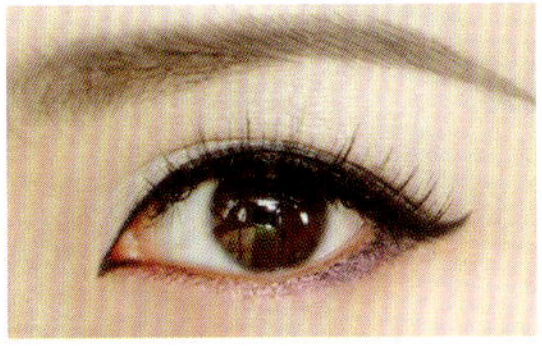
图2-4-45　突出睫毛

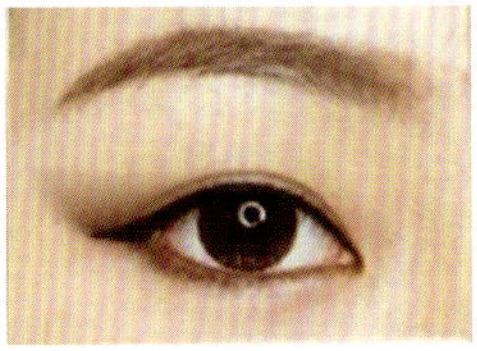
图2-4-46

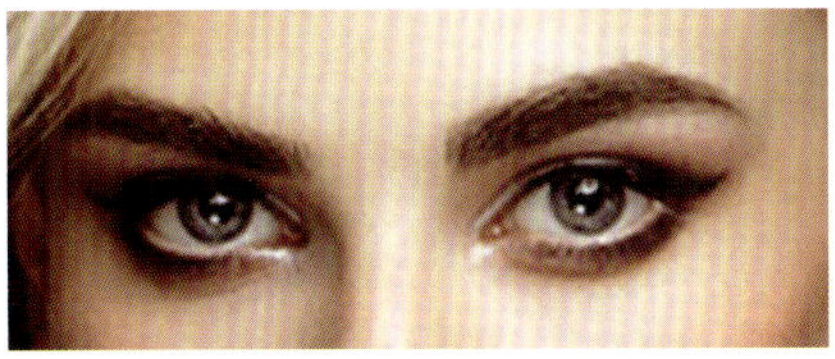
图2-4-47　增强眼部结构

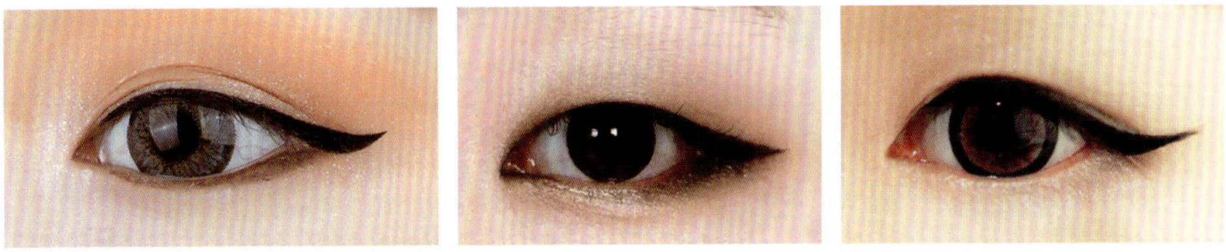
图2-4-48　不明目的和无依据的眼线画法

这种现象在生活中和学习过程中非常普遍，一定要避免这种现象。图2-4-48是几种既不美观也不明目的和无依据的几种眼线画法。

在这里要明白这样一个道理：就是任何部位的描画和修饰，首先要认识和理解这个部位的生理结构，理解了这个部位的生理结构，就能够掌握这个部位形态的表现规律：掌握了这个规律，才能够正确而恰当地进行美化修饰，这样也就掌握了各个部位化妆的原理。具体的化妆技法和技巧是无穷无尽的，没有固定模式，除了学习别人优秀的化妆技法和技巧，也完全可以依据具体情况和需要，尝试和发明更好的化妆技法和技巧。因此学习化妆如果只学习一些具体的化妆技法和技巧远远不够，永远不能领会化妆的精髓。掌握脸部五官形态形成的生理机理和表现规律，是学好化妆的前提和基础，也是能够发挥主动性和创造性的学习方法，更是化妆技术水平能够不断提高的唯一途径，这方面也是本教程深入讲述利重点学习的内容。

2. 眼线的画法和要点

画好眼线，上眼线是重点，下眼线要与上眼线配合来表现眼睛。

下眼线通常只画外眼角处，与上眼线共同起到修饰眼睛和修改眼形的作用。内眼角主要用来修饰内眼角的结构状态。有一种说法叫做“上七下三”“上八下二”，就是说上眼线画到七、八分，下眼线画到二、三分，这是有一定道理的，但是要根据情况灵活掌握。

常用的水溶性眼线粉和眼线液以及眼线笔各有特点。水溶性眼线粉表现效果丰富，干湿结合，不仅能够画出粗细不等的线条，还能够很好地掌握深浅层次和虚实。眼线液和眼线笔套装的工具，品牌众多，持久性、显现性和便携性都比较好，并具有防水性，容易出效果，使用起来简单快捷，缺点是不能很好地掌控深浅和虚实，表现力差。

六、双眼皮的制作

双眼皮对于东方人来说是一个美的标志。东方人和西方人的双眼皮是完全不同的两种结构。东方人的双眼皮是上眼睑的褶皱性结构，就是说它是上眼睑皮肤的褶皱。而西方人的双眼皮更多的是眉骨与上眼睑的结构形态。（图2-4-49）

西方人眉骨突出、眼窝深陷，形成了特有的眼部结构感。东方人眉骨平而眼睛突出，眼眉距离眼睛也比较远，因此上眼睑部位显得突出而宽大。由于上眼睑部位面积比较大，单眼皮就显得这个地方比较空旷而单调，而双眼皮能够使这种单调的感觉得到改善，因此显得比较好看。（图2-4-50）

美目贴能够塑造出很多种不同的双眼皮。美目贴有剪好形的成品卖，使用起来方便快捷，但是表现性稍差。根据需要自己剪的美目贴，可以通过裁剪不同的形状、大小、宽窄，贴出不同的双眼皮，但要通过大量尝试和练习来掌握方法。

不同人的眼皮皮肤弹性等方面有一定的差异，要通过不同的粘贴来掌握最佳效果。要注意的是，美目贴不应当露在外面。

对于单眼皮，要客观地看待。尽管单眼皮总体上没有双眼皮美观度高，但是却是一个人性格相貌的特征，因此要灵活对待。

七、画唇彩

1. 目的和作用

唇彩是脸上色彩最突出的部位，因此唇彩的使

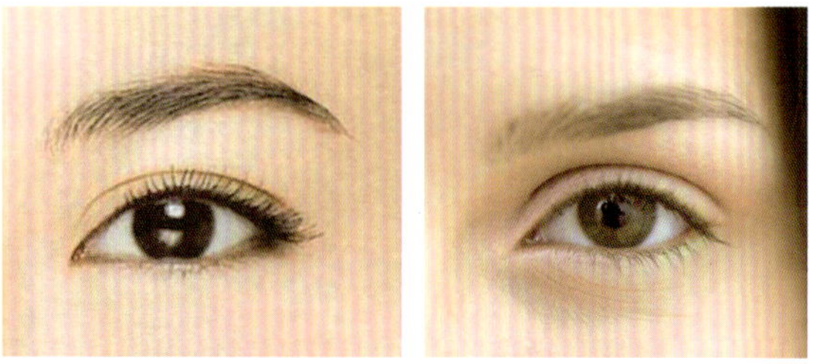

图2-4-49　不同的双眼皮对比

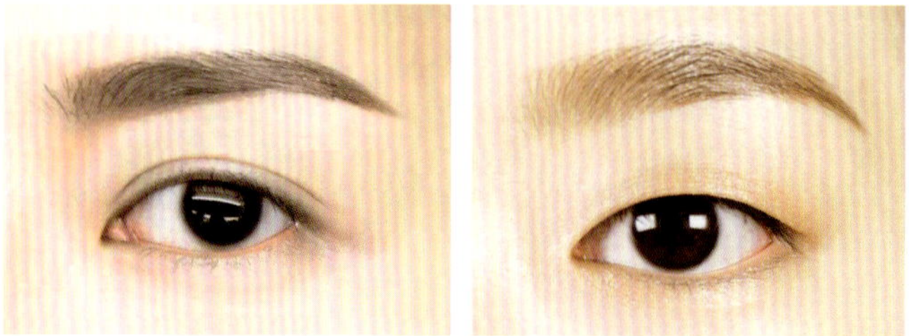

图2-4-50　单双眼皮对比

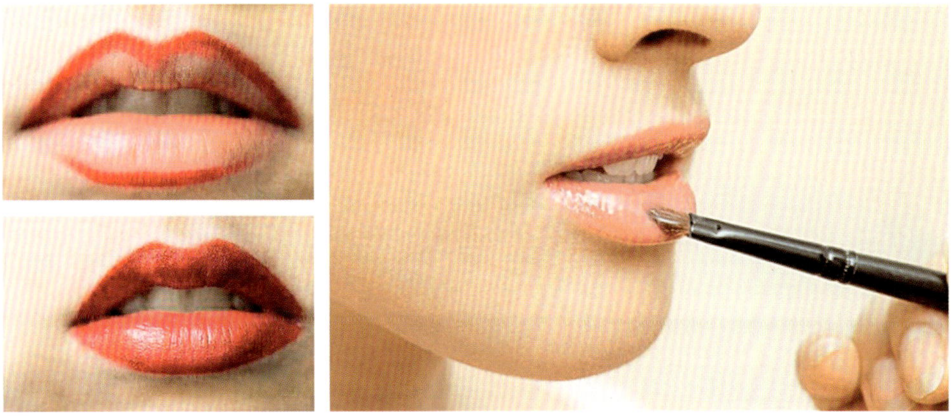

图2-4-51 唇线笔和唇彩的运用

用，能够为脸上增色不少。涂唇彩相对来说比较简单。由于嘴唇的结构特点大都是轮廓线棱角分明的，因此只要是唇形比较好，均匀地涂上合适的颜色就能够达到较好的效果。另一个作用是通过唇彩来修改和完善形态不佳的口型。因此唇彩的作用，一方面是通过色彩突出口唇，另一个方面就是通过涂唇彩来达到修改唇型的目的。

2. 方法和要点

唇彩主要是对色彩的运用，并且是以暖色系为主。因此，这个方面更多的是考验化妆师对色彩的理解和运用能力。

在生活妆中，口红主要是红色系，这是由于口唇的生理因素决定的。在艺术化妆中，口红也会使用到绿色、蓝色、紫色等冷色，因此在专业领域口红被称为“唇彩”。

值得注意的是，同色系里不同色相的对比，也会产生不同冷与暖的色彩倾向。比如在红色系中，橙红色最暖，与之相比大红色就有冷的倾向，而紫红色冷的倾向就更明显。相反，黄色与橙色相比，黄色有冷的倾向，而黄绿色冷的倾向就更突出。这里需要深刻理解色环规律。弄明白这个问题的应用价值是：当一个人的服装装束都是冷色系的色彩时，用鲜艳的大红的、朱红的口红显然不能够取得色彩上的协调，而在生活中又不能使用绿的或蓝的唇彩，那么通过降低口红的纯度和明度，还有使用红色系中相对冷的口红颜色，就是一个很恰当的选择。这里的原理都是色彩构成学中色彩调和的内容，因此要重视这方面知识的学习，并在生活中不断提高自己的理解、感悟和运用能力。

唇线笔是一个很有用的工具，对于口型的修改和表现嘴唇的结构感比较实用。对口型把握不准的，可以先画出口型轮廓，然后再涂满口唇。（图2-4-51）明确的口型轮廓是口唇美的一个因素，含混不清的口唇是一个不符合生理形态的现象。

八、打腮红

1. 目的和作用

打腮红有三个方面的作用：丰富脸部的色彩，使人的面容显得健康而美丽；突出脸部的立体结构感；调整脸型，要根据需要和不同的目的来进行操作。

2. 方法和要点

（1）丰富脸部的色彩

如果一个人的脸型和结构都比较好，仅仅是需要增添脸部的色彩，就要表现出脸部的自然红润的效果。比如生活妆以表现脸上自然的红润为目的。白皙的脸上适当的红润会显得健康而有朝气。打腮红开始不太好掌握，生活妆中要本着浅、淡、轻、小的方法来尝试掌握。

晚宴和烟熏妆腮红要适当加重并取得色彩协调。艺术化妆更讲究视觉效果的冲击力，因此对色彩的运用夸张大胆，视觉冲击力强。

（2）表现脸部的结构

如果一个人稍胖，脸部结构感不强，需要表现得瘦一点、骨感点，可以在颧骨和下颌角之间，选

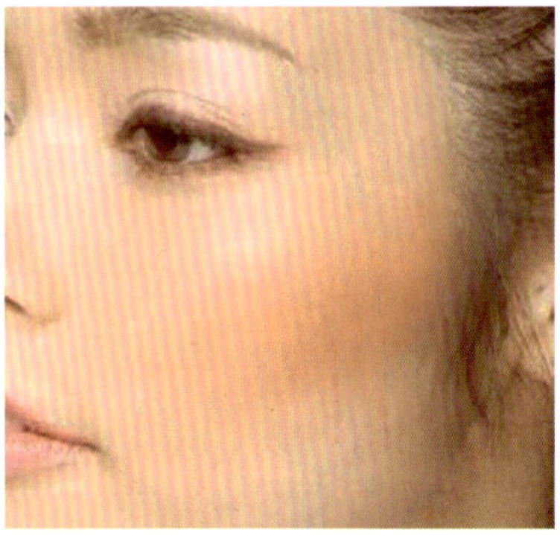

图2-4-52　腮红的层次与虚实

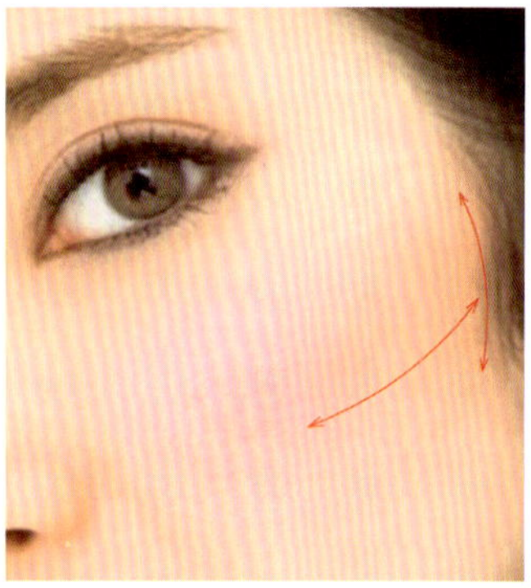

图2-4-53　腮红形成的自然红润

择合适的颜色打上条状的腮红，然后晕染开来，如果能够配合修容共同来进行效果就会更好。

（3）修正脸型

腮红的位置打得恰当，能够对脸型进行微调，配合修容过程中颧骨高光点的位置选择，能够在一定程度上改变脸型的宽窄与长短。

（4）打腮红的要点

腮红色彩一般都比较浅淡，但也需要在浅淡的色彩中表现出层次，不能平涂成死板的一片，尤其是边缘部位要形成柔和的过渡层次。要掌握好蘸取色粉的量和手法的力度，宁少勿多、宁浅勿深、宁轻勿重、宁小勿大。用刷尖蘸取色粉在合适的位置点上后，弹掉刷子上的色粉再轻扫几下，就能够得到较好的效果。

腮红位置和形状的选择，要根据脸型来确定。比如要表现脸型的结构，突出骨感，就要选择颧骨和下颌角之间的凹陷区上半部打出条状的腮红，并注意腮红周边轮廓的层次和虚实，如图2-4-52；如果脸型很好，仅仅是丰富脸部的色彩，位置和形状选择就可以灵活对待，并要观察个体脸色的特点，形成自然的红润的感觉（图2-4-53）；如果是修正脸型，要根据脸型的特点来进行，有的需要和底妆修容来配合进行。

九、整体调整

整体调整，是化妆程序必不可少的一个步骤。在化妆结束之后，需要对整个妆面进行一次全面的审视、检查和修改调整。一个妆面，如果在这个方面中没有更多需要做的，说明妆面画得比较好。如果发现问题，就要通过修改、调整来完善。这个阶段要注重的是妆面整体的效果，整体效果要保持一致。退后几步，从一定距离观察整体妆面，再近距离审视各个局部细节，使得局部与整体统一和谐。

本章重点

1. 理解光影在造型中的表现和在化妆中的作用。
2. 深刻理解和感悟色彩与基本形的情感与性格表现。
3. 理解和掌握视觉规律在化妆中的作用。
4. 理解化妆程序中各个步骤的目的和要点。
5. 通过练习熟练掌握化妆各个步骤的技法。
6. 理解画眼线和眼影的依据和应用目的。

实践训练与要点

1. 练习底妆的制作。

提示：几个同学互相用各自不同的粉底进行练习，熟悉不同化妆品的特点。

2. 用单色练习眼影的晕染技巧。

提示：从大地色开始练习，逐渐扩展色彩的使用范围，达到能够使用几种色彩熟练表现不同美感的能力。

3. 首先明确画眼线的目的，然后分别进行有针对性的练习。

提示：从增强立体感、优化眼形、突出睫毛、增强结构感几个方面来进行练习。

4. 练习裁剪美目贴，粘贴出不同的双眼皮。

提示：剪出不同的美目贴形状，粘贴出不同的双眼皮，并注意对眼形的影响。

5. 根据不同的目的和服装色彩选择唇彩练习涂口红。

提示：从色彩的对比和调和两个方面通过实践来提高色彩的运用能力。

6. 练习腮红的施色技巧。

提示：根据打腮红的目的来选择腮红的位置和形状，要注意腮红层次的表现。

7. 练习眼眉的两笔画。

提示：尝试本章所介绍的四种方法或其他方法，掌握自己最适应的画法。

8. 根据模特自然眉形特征，通过修眉和画眉来美化眼眉的形态。

提示：先不要急于改变人的自然眉形，练习不同眉形的美化方法。

构而不是色彩，因此色彩的选用不宜过重和过于鲜艳。

4. 口唇的修饰

口唇除了必要的修形，更多的是关于色彩的选择和运用。高明度的和高纯度的色彩鲜亮而活跃，低明度和低纯度的稳重而内敛，要根据性格、环境、内容等来选择。口红是脸上最能够为妆面增色的部位，是画日妆的必须内容，没有口红的日妆就谈不上是一个完整的妆面。

5. 腮红

日妆的腮红，一般是比较重要的妆容需要才打，可根据需要来确定是否需要和怎样的打法。

6. 简便日妆的画法

画日妆已经成为很多注重生活品质女性每日的必须。日妆既可以精雕细琢，也可以简单快速地描画。尤其是职业女性，每天可能没有充足的时间化妆，这就需要用最简练的方法来改善妆容。作为专业化妆师，更应当具备这些能力以适应不同的需要。

画简便日妆不能缺少的内容是：眼眉、眼线和口红。简便的日妆通过这三个方面的修饰就能够得到较好的效果。

眼眉是表现性格和气质的主要地方，一种眉形通过修剪能够持续几天时间。眼线和口红，每次都需要画。眼线能够非常明显地改善眼睛的结构表现效果、增添神采；口红能够为妆容明显地增色，使容貌焕然一新。

日妆也没有必要天天保持一种妆型不变，经常适当变化会使一个人的容貌状态保持新鲜感。而这一点，仅通过眉形的改变就能够达到。

第二节　裸妆

一、裸妆及其特点

裸妆是日妆发展的一个极致，就是看起来没有化妆的痕迹，但又比素颜精致美观了很多的妆容。裸妆也称为透明妆，其特点是妆面极其自然，适用场合十分广泛。

二、裸妆的用品和技法要点

轻、薄、透、自然、无痕是裸妆的特点和化妆的要点。裸妆要取得比较好的效果，对化妆品的要求比较高，好的皮肤滋养品，清透的底妆用品，透明唇膏等都需要比较好的品质。

1. 底妆阶段

裸妆的底妆，要选择一款比较好的粉底。轻薄、通透、自然的粉底，一般是液态的，要根据皮肤的特点来选择粉底的功效。如果皮肤很好只想改变肤色，就选择合适颜色的粉底；如果皮肤有瑕疵，要选择能够遮瑕的产品。有的粉底具有隔离、防晒、遮瑕等多重作用，有的还具有滋润皮肤的作用，效果显得自然、润泽、细腻而富有弹性，而且不需要定妆。

不同品牌新推出的BB霜CC霜等，都要尝试使用，对化妆品的了解能够帮助化妆师选用恰当并效果突出的产品。如果皮肤质量很好没有瑕疵，这一程序可以省略。

2. 眼眉阶段

如果眼眉各个部位长得比较健全只是眉形需要修改，那么就比较简单，通过修改形成相应的眉形即可，个别地方需要调整或强调的适当描画一下，不要显露痕迹。

需要大面积补充的眼眉，用眉扫来画，在颜色深浅的选择上要与原有眼眉相似，用眉扫画眼眉往往比较虚一些，会自然一些。另外要注意眼眉的纹理，没有纹理、呈现一个平面的眼眉就会显得很假，必要的话用修改笔或尖细的笔强调出若干根眉毛纹理。在修眉的过程中，能够保留的眉毛尽量保留，如果有过于浓密的地方要适当疏剪。

3. 眼影阶段

裸妆基本上不会画浓重的眼影，如果画眼影，要画出表现眼部结构感的光影，与上眼线结合来画，共同表现眼睛的结构。用浅淡的眼影仔细晕

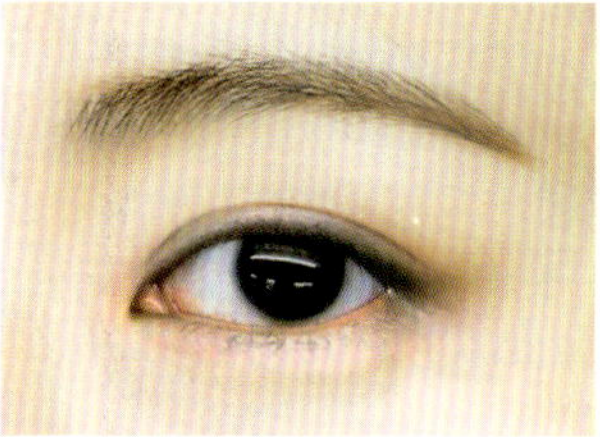
图3-2-1　裸妆眼影

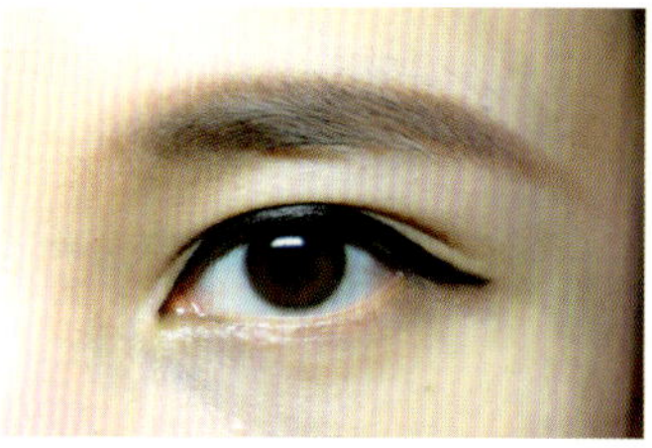
图3-2-2　裸妆眼线1

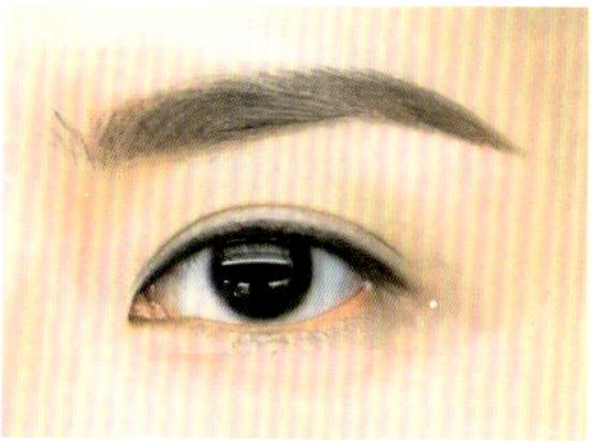
图3-2-3　裸妆眼线2

染，做到眼睛立体结构感明显又不露痕迹。如图3-2-1，淡淡的眼影看起来似乎是眼睛结构呈现出的阴影而不是画上的眼影。这里要充分理解素描学习中光影的原理和表现效果。在色彩上咖色、棕色、褐色这样的大地色是比较恰当的选择。在脸上，棕色本身就有影的感觉。

4. 眼线

与画眼影一样，画眼线要本着突出结构感又不露痕迹的宗旨来画。与画眼影区别的是上眼线可以画得重一些。上眼线是背光面，下眼睑是受光面，并且眼睫毛本身的生长特点也是上眼睫毛远远多于下眼睫毛，也使得上眼线比下眼线重。由于这些自然现象使得上眼线强调得稍重一些也不会感到生硬。如图3-2-2这个眼线画得很重，是用套装眼线液画出的效果，但在一定距离看并没有非常生硬和不自然的感觉。当然这种画法并不是一个很完美的技法，这里只是作为一个示例。用水溶性眼线粉干湿结合的画法是一个很好的选择，因为它能够很好地掌控浓淡、轻重和虚实，如图3-2-3。

用深棕色的眼影调和黑色来画眼线，能够表现更加自然真实并且影调丰富的效果。同时结合外眼角处的结构顺势上挑，与眼影结合画出似眼影而非眼影的眼部结构阴影的感觉，自然生动，效果良好。（图3-2-4）

在裸妆中，眼影可能有不需要画的情况。而眼线，大都需要画。要点就是显色而不露痕迹。所谓不露痕迹，就是用表现光影的思想和方法来画，所以在人的视觉上给人的感觉是光影而不是笔痕，因此达到了隐蔽妆痕的效果。

5. 口红

如果唇形和唇色本身比较完美，透明的唇膏是一个很好的选择。如果唇形需要修正，选择与嘴唇颜色相近或者稍重、稍艳一点的唇线笔和唇彩来画，能够起到既突出口唇又修改了口型的作用。如果唇形比较好，只是唇色有点问题，只要选择合适的不过于艳丽的唇彩即可。

6. 腮红

有人说裸妆不需要打腮红，也不见得。适当自然的脸部红润，是脸色美感的重要因素。裸妆中的腮红关键是要让人感觉是脸颊自然的红润而不是画上的色彩。这里我们用“色彩倾向”这个词汇来描述，实际上就是很浅淡的似有似无的色彩，因此成为一种色彩的“倾向”性。

裸妆的重点在眼线。一个素面的人什么也不画，只画上眼线就会增添神采，其次是唇彩。因为眼睛和嘴这两个地方是脸上最吸引目光的地方。一个是最富表情的地方，是“心灵的窗户”；一个是最具动感和诱惑力的地方，是形、色、声共聚的地方。

裸妆不适于刻意表现某种性格，要遵从自然的原则，因此眼眉的修饰上要遵从自然真实的原则。要根据本人的性格和原本的眉形进行美化，痕迹也

图3-2-4　裸妆

不宜太显露。

另一个重点是底妆。裸妆的底妆对于皮肤好的人来说比较简单，而如果是问题性皮肤，就是一个考验。其实这个考验不见得说是技术的问题，更多的是化妆品的问题。化妆品的好坏和选择恰当与否，直接影响底妆。因此需要了解不同品牌的化妆品的特点和使用要点。

一个人素面朝天时为什么没有化了妆好看，通过观察主要体现在三个方面：皮肤色彩和质感不好；眼部结构感不突出；口唇结构感和色彩不好。因此裸妆要从这三个方面进行。

裸妆看似简单，但却是最能够表现一个化妆师的化妆技巧、化妆意识、审美修养的一种妆面。日妆的技法最具普及性和基础性，而裸妆则最极致，所谓“大道至简”就是这个道理。要抓住关键的地方，用恰当的方法起到画龙点睛的作用，因此要花大量的时间来深入练习。

三、裸妆的应用

裸妆清新自然，受到漂亮女士的喜爱。裸妆最大的特点就是通透无痕、清新自然。但是换一种思路来思考一下：如果一个人的脸上各个部位都很清新自然，是不是就更容易烘托出某一个部位更美丽、更精致的视觉效果呢？具体地说就是在自然平淡的脸上，如果有一个部位美感非常突出，就会显得整个妆容更加美丽。这就是在平淡中表现出精致，在平凡中表现出不凡的一种方法，因此裸妆的所谓不露痕迹，未见得就是裸妆追求的最高境界。如果一个人眼睛特别漂亮而迷人或者口唇特别美丽而性感，不妨在一个地方露出点化妆的痕迹，把口唇或者眼睛表现得稍稍突出一些，会把人的目光更多更集中地吸引到这个最美丽的地方上来，从而使整个人的妆容和魅力大大增强，其中的原理就是前面关于视觉规律的内容。画裸妆不是目的，它只是表现自然美的一种方法，因此不能为了裸妆而裸妆。

第三节　晚宴妆

一、晚宴妆的概念与特点

晚宴妆顾名思义就是应用在晚会、宴会等礼仪气氛比较热烈、浓重或者高雅环境中的妆面。大都是在暖色的灯光下。妆面最大的特点就是比较浓重而高贵，因此也被叫做“浓妆”，相应的服装也比较讲究。晚宴妆要表现的是一个人的高贵、典雅、美好、个性的魅力，因此在妆面上色彩比较厚重、高贵，对比要强烈，立体感要突出。晚宴妆根据晚宴规格的不同，妆面也有很大的差别。生活晚宴妆、时尚晚宴妆等有不同的规格，规模越是隆重的，妆面特点也就越厚重而高雅。眼部和唇是晚宴妆面的重点表现部位。

二、晚宴妆的要点

1. 底妆

可以通过比较厚重的粉底美化皮肤，由于晚宴妆是短时性的妆容，因此不必介意皮肤保养方面的问题，以达到需要的效果为主要目标，重点是肤色。修容是晚宴底妆十分重要的一项，通过高光和暗影来充分塑造出结构感强的脸型，立体、大气、高贵，脸型适合的，要表现出“高级感”。

2. 眼眉

晚宴妆眼眉可以表现得夸张些，眉形的个性和气质性特征可以强烈些，虚实浓淡要掌握好，对比强烈些能够更好地表现个性和气质美。

3. 眼影

眼影是晚宴妆的重点，可以通过丰富的色彩和珠光色的眼影来表现，虽然棕色系的眼影能够适合大多数的场合和环境，但是运用好不同色系的眼影能够起到更加突出的效果，达到标新立异，与众不同的作用，这方面要视不同的晚宴规格来确定。

4. 眼线

眼线可以画得浓重一些，并可以根据需要通过眼线和眼影来改变眼形，美化容貌。

5. 睫毛

可以用假睫毛，要选用合适的，并且要事先修剪好。

6. 口唇

浓重、艳丽、赋予光泽的口唇色彩，能够极大地突出个性和性感美。因此唇彩的使用可以大胆些，并要与服装等整体的色彩协调，可以追求比较大的色彩对比，达到需要表现的效果。

7. 腮红

晚宴妆的一个重点是色彩的运用，腮红可以打得重一些，一方面要与底妆修容共同来表现脸部的结构感；另一方面色彩要与眼影、口唇和服装协调，并利用好色彩对比的原理，创造出光鲜动人的效果。眼影、唇彩、服装、饰品色彩的搭配是晚宴妆重要的方面。珠光色的充分运用是晚宴妆普遍的做法，能够表现出珠光宝气的效果。晚宴妆与晚宴造型密不可分，晚宴造型的重点是妆面、发型和礼服三个方面，单纯的晚宴妆面没有使用价值，在掌握晚宴妆面的基础上要进一步学习相应的晚宴造型内容。

三、晚宴妆的应用

晚宴妆不介意化妆痕迹的表露，相反在这种场合，化妆是尊重他人的表现，因此晚宴妆是可以比较多地发挥化妆师艺术想象的一类妆面。由于晚礼服的特点，导致女性身体裸露的部位比较多，因此底妆要注意脸部与身体其他部位皮肤的一致。

晚宴妆根据活动的规格和内容有很大的区别，越是隆重的妆面应当越重，并且表现的方向也不同。比如影视颁奖突出的重点是华丽性感；隆重的政商聚会要表现的是庄重和富贵感；高雅的文艺汇演要表现的是高雅和富有内涵特点等。而生活中一般性的晚宴聚会就不至于这样隆重，可以随意一些，日妆画得重一些也就成了这种规格的“晚宴妆”。

图3-3-1 晚宴妆

第四节 烟熏妆

一、烟熏妆的特点

烟熏妆，俗称“熊猫妆”，由此也就道出了烟熏妆的特点。烟熏妆最大的特点就是眼影涂画在眼睛的四周，常常使得眼影和眼线成为一体，并沿着眼睑线向眼周大面积晕染推出，因而在眼窝部位弥漫开来形成类似于熊猫眼睛的状态。

烟熏妆其实就是“烟熏眼影”，因为烟熏妆与其他妆类的区别就在于眼影部位，画有烟熏眼影的妆面都可叫烟熏妆。

烟熏妆通常以黑灰色为主，中心部位最深，到边缘变浅，在眼窝处形成深浅层次弥漫的眼妆效果。由于眼影的浓重程度和眼影范围大小不同，被分别称为大烟熏和小烟熏。

烟熏妆非常适合东方女性，因为东方人的面部比较扁平，眼睛的部位比较突出，根据“亮进暗退”的视觉现象，能够取得眼窝深陷的效果。另外烟熏妆对于眼形不好的人有很强的修正和掩饰作用。

浓重的“大烟熏”虽然常常与眼线不分，但是很多眼妆还是要画眼线的。眼线有眼线的作用，特别是在两个眼角处，尤其是外眼角，对改变眼形和表现结构能够起到强调的作用，也使得眼影层次更丰富。下眼线要画满，使得上下眼线封闭整个眼周。所谓“小烟熏”，不过是烟熏眼影和日妆眼影的

第四章
艺术化妆

第一节　创意妆

一、什么是创意妆

创意妆指以人的五官形貌为基础，通过形象思维，把多种元素融入妆面，形成独具创意的、夸张的某种主题表达的妆容。

创意，就是创新意识。它是在对现实事物的理解和认知的基础上，所产生的形象的思维构思。在创意化妆中，广泛地将文化科技、自然生态、表象与内涵、理性与感性等各种因素结合起来，融入人的五官形貌中去，从而在人的脸部表现出某种强烈美感的妆面，或者为了表达某种主题而形成的独具创意的妆面。

创意妆面能够使技法、色彩和材料，得到充分而大胆地运用。创意妆常常围绕一个明确的主题来进行创作，这个主题可以通过理性的思考获得，也可以是某个灵感的闪现。没有主题思想的创意不会形成好的表现力，并且创意妆往往与整体创意造型结合在一起，全方位地表现某一主题。

二、创意妆的特点与价值

创意妆的特点是建立在五官形貌生理形态的基础上而又突破了正常生理形态的限制，充分地发挥创意思维，展现构思别具风格的妆面。

学习创意妆，能够充分地激发形象思维，极大地加深和提高对形和色彩的理解和认识，以及良好的运用能力。能够对基本的化妆学习水平的提高，起到触发飞跃的作用。因此建立在一定化妆基础之上的创意化妆的学习，对整体化妆水平的提升有着十分积极的作用。

创意妆具有很强的展示性和演艺作用，广泛应用于专业赛事、舞台化妆等领域。生活妆中某个部位适当的创意点缀，也能够对妆容起到良好的补充和提升作用。

三、创意妆的构思与表现

创意妆的核心是创意，新颖独特的创意构思是创意妆成功的关键。如何激发创意的灵感，有多种渠道和办法。这里学习利用联想法来激发自己的创意灵感和构思。

联想就是要放飞思想，打破所有的思想禁锢，从某一个因素点引发无边的想象。不要怕产生错误的想法，最重要的是思维不要受到约束。错误的可以改正，想不出来就无计可施了。可以从生活中能够看到的和想到的所有的东西产生联想。比如可以从某一种色彩产生联想；从某一种形产生联想；从某一种动物或植物产生联想；甚至可以从空间、时间等抽象的无形的东西产生联想。

（1）仿生法

仿生法就是基于某种动物或者植物的形态所产生的联想。

（2）主题法

就是首先确定一个主题，然后围绕这个主题的内容和表现形式而产生联想。

（3）反向思维法

也就是逆向思维联想，从事物或者现象的反方向思维的角度来产生联想。

（4）花纹图案法

从某种花纹图案引发的联想。

（5）材料应用法

从生活中的某种材料所产生的联想，比如纸张、布料、金属材料等。

（6）色彩应用法

从某种色彩的情感方面产生的联想。

（7）彩绘法

结合彩绘技法来表现某种妆面。

以上各种联想可以相互结合运用。创意思维是一个极具创造性的活动，联想的方法也层出不穷，以上仅是一些常用的方法。要明白创意的要点是思想不要受限制，从而就能够产生更多的构思和想象。

四、创意妆的材料和用品

用来完成创意妆的材料和用品非常广泛，舞台化妆的油彩能够画出色彩艳丽而对比强烈的妆面。特别是油画的颜料色彩更加丰富，效果表现力更强大。实践证明丙烯颜料也是一个很好的材料，但不太适用于大面积的妆面，长时间的化妆造型，容易起层脱落，要注意随时补妆。

创意妆面除了颜料，还需要广泛的辅助性材料。比如各种纸张、亮片、羽毛、各种花草、美甲的一些材料用品等，只要适合表现主题的，都可以用来化妆和造型。图4-1-1的造型中，眼睫毛和服装完全是用纸做成的；图4-1-2在妆面使用了羽毛、亮片、纸等多种材料；图4-1-3主要用银色和白色材料做的造型。

创意妆面的灵感激发和寻找，常常是在生活中对各个方面的观察中获得。优秀的创意妆面作品，也是获得灵感和启发思路的一条途径。下面列举一些优秀的创意妆面来启发思路，见图4-1-4。

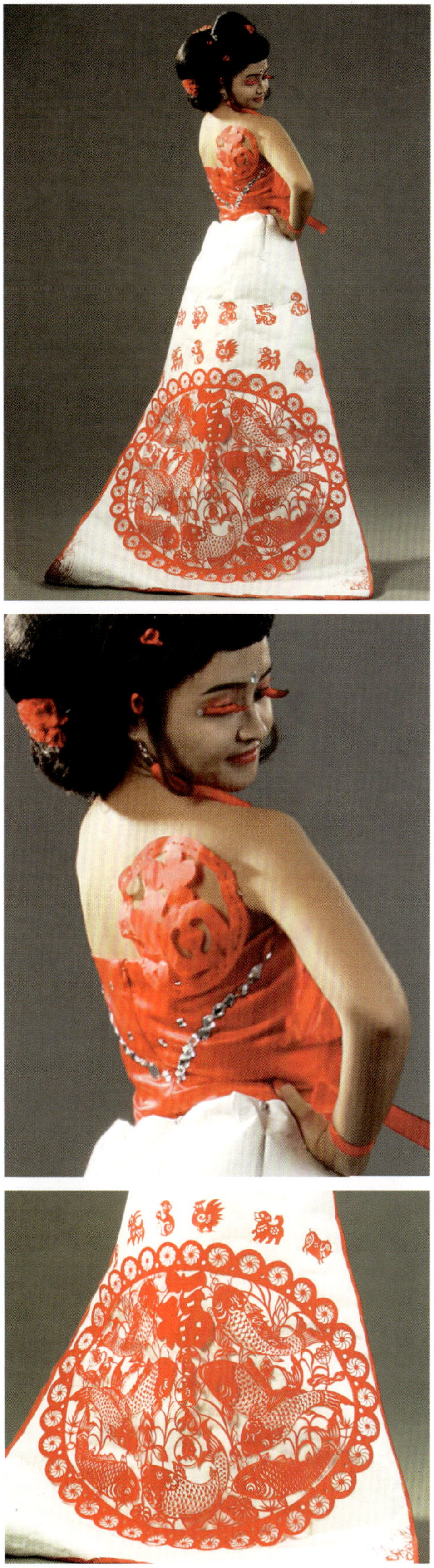

《中国剪纸》造型 / 金迪

图4-1-1　纸材做的创意造型

《中国红》造型 / 马岩

图4-1-1　纸材做的创意造型（续）

图4-1-2　综合材料造型/贾亚文 柏玲

图4-1-3　银色白色材料造型/蒋丽媛

图4-1-4　创意妆面案例

第二节　舞台化妆与艺术彩绘

一、舞台妆的含义

舞台妆就是应用在舞台演出、专业比赛、专业展示等方面的化妆。舞台妆与各类舞台表演密不可分，涉及的范围十分广泛，也都是以整体造型的形式体现。比如不同场面的舞蹈演出、演唱会、时装走秀、专业比赛等。这里面包括演员的化妆造型、主持人造型等。不同的舞蹈有不同的类型、不同的民族、不同的装束，因此内容非常庞大。如果涉足这个领域，需要进行专门的学习，这里仅作为知识性的了解。

生活中也会经常接触不同规格的舞台表演活动，要了解舞台妆的特点。在掌握前面所学的化妆知识和技法的基础上，也能够胜任一般性的舞台化妆。舞台表演和比赛、展示等活动，通常都是在比较强的舞台灯光下，普通的装束在这样的环境中都会显得苍白，因此舞台妆妆面要突出强烈的效果。画舞台妆一定要了解所处的舞台环境，来决定画妆面的浓艳程度。

二、艺术彩绘与纹刺图案

彩绘自古就有，前些年人体彩绘兴起，与纹刺有着一定的渊源。人体彩绘分全身彩绘、局部彩绘，一般都是表演性质的。彩绘在普通装束里存在的价值与纹刺具有同等的作用。

图案纹刺在当今社会不再是坏人的标志，适当的图案纹刺成为装束的点缀。在美容中雕眉、漂唇、纹眼线等技术也都在不断地发展。女孩子手腕上、脚踝上或肩头上小巧精致的纹刺，也为其容装增添几分俏丽的美感。纹刺是不能够经常更换的，而彩绘图案却能够根据需要来随时更换。还有一种即时贴一样的图案纹饰使用起来非常方便。在一些化妆造型中适当地使用，也是一种很好的美化形象的方法。

手绘彩绘也是化妆师应当具备的一个技能，要结合图案设计方面的知识来掌握。（图4-2-1至图4-2-3）

《鱼人》造型 / 孙俪

图4-2-1　彩绘与造型的结合1

《青花瓷》造型 / 王俊

图4-2-2　彩绘与造型的结合2

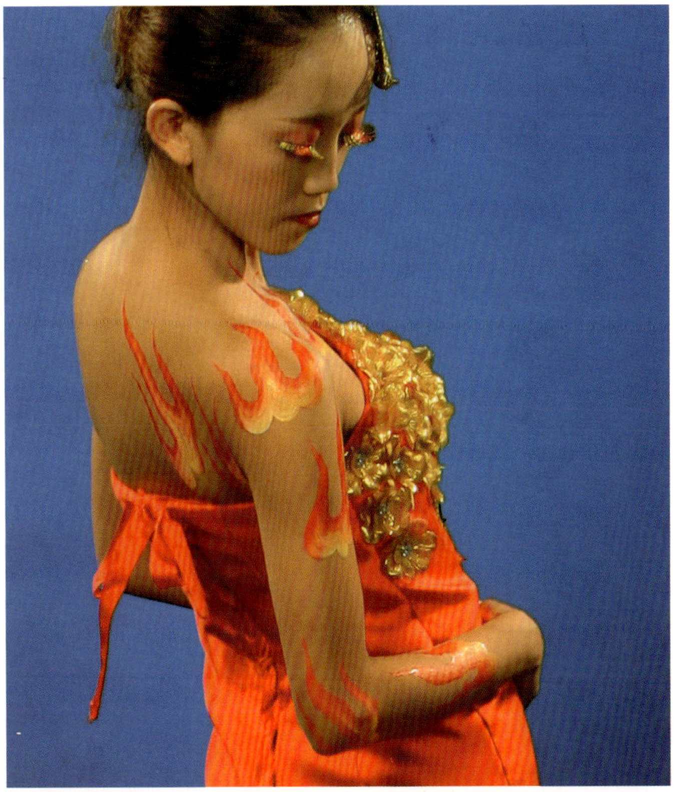

《浴火重生》造型 / 张莹

图4-2-3　彩绘与造型的结合3

第五章
化妆师应当具备的职业能力和理念

第一节　化妆师应当树立的理念

一、“形”与“色”是化妆的两个核心内容

化妆，是一门造型艺术。如果对其内容进行高度地概括，核心的内容有两个方面：就是“形”和“色”。也就是说化妆首先是对形的塑造，其次是关于色彩的运用。

“形”就是人体和各个部位的形体形态，包括五官的形态、脸型、发型、体型以及着装后的整体形态。“形”是人美感的根本的方面，是其他美感因素表现的基础和载体。

这里的“色”，具有更广泛的含义：一方面指形的外表色彩，另一方面也包含形的质地所表现出来的质感、肌理等。这两个方面在化妆里面就是指人的肤色和肤质。第三，人是有思想的智慧生物，除了形体和肤色、肤质之外，还有体现精神方面的性格、气质等内容。性格往往包含在形中，而气质常常通过神态表现在外貌上。所以这里所说的“色”，包括肤色、肤质、气质三个方面。

“形”是内容，是基础，是载体；而“色”是“形”具体的外表形态，“色”能使“形”更生动、更具体地表现出来。在色彩、质地、肌理等这些外在表现形态要素中，色彩最为直观，最为重要。所以我们把人的色、质、气等这些外在表现形态因素统称为广义上的“色”。

在人的相貌美感中，表现最直接的是肤色。肤色，每个人不同，并且存在着较大的差异。每个人的肤色在身体的各个部位也不相同，比如在脸上额头、脸颊、眉眼、口唇等部位都存在不同的色彩差别。在化妆中色彩运用得恰到好处能够极大地提升妆面的美感，甚至能够掩饰一些相貌的不足。

除了肤色，人的肤质也是美感的一个重要方面。通过制作好的底妆，调整好人的肤色和皮肤状态，能够极大地提高一个人的美感。

另外，一个人的性格和气质，是人的形象另一个重要的美感表现方面。性格与气质这两个方面是人精神方面的体现，是赋予妆面生命力的因素。性格更多地表现在脸和五官的“形”中，而气质则更多地通过神态表现在脸上，与“形”和“色”都有着密切的联系。因此在化妆的过程中如果能够从“形”和“色”两个方面有意识地去追求和表现不同的性格和气质特征，那么画出的妆面将是一个形神兼备的，生动而富有活力的妆容，这是化妆师的化妆意识和技术水平以及专业素养高低的一个重要的标志。

形的美感和好坏，决定了美最根本的方面；皮肤的色彩和质感，能够给予形更直观、更具体的表现力；而性格和气质能够赋予人的形象更生动、更高级的美感和吸引力。

处理好“形”和“色”是化妆艺术，也是任何一门造型艺术最重要的两个方面。这个问题告诉我们，在学习化妆的过程中，要从“形”和“色”两

个方面进行深入地学习，不断地提高自己的技术能力和职业素养。关于色彩，目前已经形成了完整的知识体系，因此要在化妆的学习和工作实践中深入地学习和充分地应用；而对于人相貌“形”的问题，是我们这里要深入学习和研究的内容。

二、优秀的妆容是不同的美感和性格与气质特征的统一

人的相貌每个人各不相同，所以人的美感也千差万别。不同人的美感，只有相似而没有相同，因此每个人的相貌都有其自身的特点。明确一个人的美感特征，就能够使得化妆的目标明确，从而使五官等各个方面的描画共同形成统一的美感。

性格是人美感的一个十分重要的方面，人的相貌和性格是不可分离的。每一个人的相貌，都必然体现着某种性格特征，因此不同的美貌也一定是不同的美感与相应性格的共同体现。在日常生活中人们对一个人的相貌描述，也往往与性格分不开。比如说端庄贤惠、美丽大方、活泼可爱、优雅恬静、精明干练等，这些美好的形象，都体现着不同的性格特征。因此一个完美的妆容一定是妆面五官的美感和性格与气质的共同体现。

性格是赋予妆面灵魂的因素。一个妆面，如果只画出了漂亮的五官，而没有注重表现与之相应的性格特征，就容易形成五官形态的罗列和拼凑，会使得妆面空而无神。没有生命力，就没有生动感，因而也就缺乏表现力，这就是前面所讲到的“化妆表层化”的现象。在现实的学习和工作中，这样的现象还是普遍存在的。

人的性格有差异，而气质则应是人美好的方面。性格与相貌都有天生的因素；而气质则完全是人后天修养的结果。气质依附于性格又独立于性格，不同的气质通过相应的性格和神态以及谈吐等言行表现出来。比如一个人具有优雅从容的气质，首先他/她一定是一个沉稳的性格，并通过神态体现在脸上，而且在他/她的言谈举止过程中，这种性格和气质得到更进一步的表现和印证。

综上所述，一个人形象的美，包括相貌的美感、性格的鲜明和气质的美好三个方面，因此一个**高水准的妆面，应当具有明确的美感表现方向，表现出鲜明的性格和相应的气质特征，才是化妆的最高境界**。单纯地追求五官形的美仅仅是化妆的一个初级层次，更高的标准是相貌的美感与性格和气质特征的统一。这一点，往往很多初学者认识不到，但又是一个十分重要的理念性问题。作为一个专业化妆师一定要树立这种意识，不仅要追求“形”的美，更要追求“神”的美。只有形神兼备的妆面，才能够成为最好的妆容。

弄明白这个问题，在化妆的学习和工作中十分重要。首先它使我们从意识上站到了一个更高的标准上，更重要的是在具体的化妆过程中，能够使我们始终清楚自己将要表现的是一个什么样的妆面，从而能够目标明确地进行化妆。我们提倡的做法是在开始化妆前，要用语言概括出将要表现的妆面特征。比如：精明干练的；端庄贤惠的；活泼可爱的；性感迷人的，等等。这样化妆就有了明确的目标和努力方向，而不至于盲目地去“画妆”。

气质的表现有很大的心理因素。在准确地完成一个性格和气质特征鲜明的妆面的过程中，如果能够让被化妆者也明白妆面的特点，会使她在心里认定这个妆容，从而使她从神态和表情乃至言行举止等方面不由自主地表现出来，从而使妆容的美感和生动性以及吸引力得到最好的表现。

要在妆面中表现不同的性格和气质特征，需要对“形”的相关知识进行深入地学习和研究。另外，化妆的出发点也是一个十分重要的因素，出发点站对了，就为妆面的表现打开一个良好的开端。比如画眼眉，分别从两个出发点来画：一个是仅从美观的角度出发来画，另一个是从充分考虑性格表现的角度出发来画，最后所画出的眼眉感觉一定不同。因此理念决定出发点，出发点决定成败。

下面分别是不同美感和性格表现的眼眉对比。（图5-1-1至图5-1-6）

我们从电视剧《甄嬛传》里主人公初次进宫和二次进宫的妆面对比来认识妆面对人物性格的刻画和表现，重点比较眉、眼、口几个部位的差别。（图5-1-7至图5-1-8）

虽然电影电视中的人物形象，更多地是靠演员

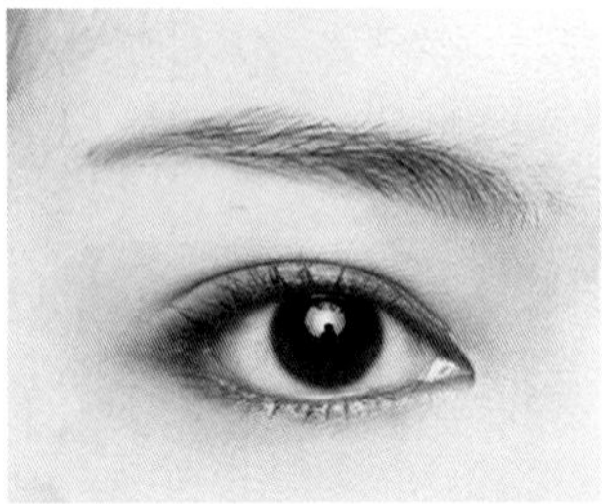

图5-1-1　自然的眉眼

图5-1-2　漂亮而欠真实的眉眼

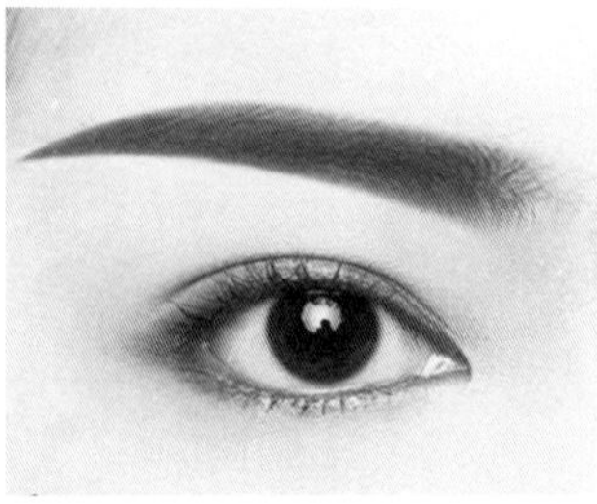

图5-1-3　漂亮而真实的眉眼

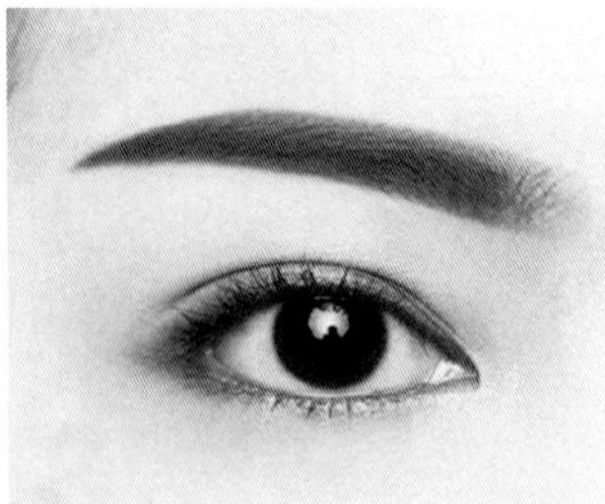

图5-1-4　温婉的眉眼

图5-1-5　精干的眉眼

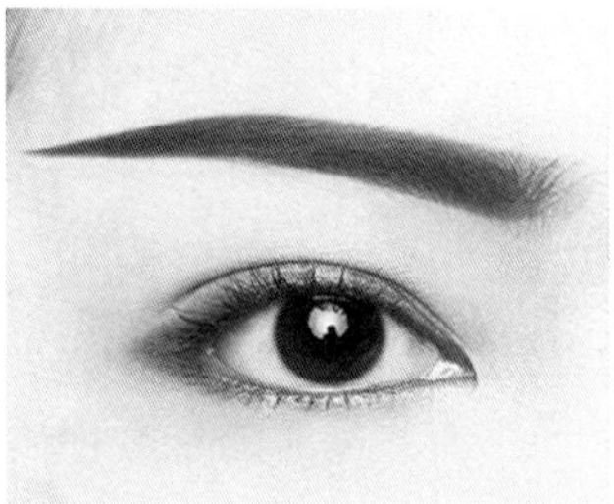

图5-1-6　美艳的眉眼

图5-1-7　初次进宫时天真烂漫、清纯无邪

图5-1-8　再次进宫时富于心机、霸道果敢

的表演来呈现，但是一个不容忽视的方面就是人物的化妆造型对人物表现的作用，其中最关键的就是人物的妆面对性格的表现。仅从妆面上就能够反映出一个人物的性格乃至命运归属，并配合演员优秀的表演，是一部优秀作品成功的关键性因素。

三、美感的产生是建立在健康的基础上——树立正确的审美观

化妆，是研究人相貌形态的艺术，因此对人的脸型和五官形态的形成机理以及表现规律，都要进行深入地研究，才能够真正掌握化妆的真谛，从而塑造出各种完美的人物形象。

任何存在的东西都有其存在的价值，没有用的东西，不会被造物主创造出来。人的形体以及各个部位之所以会生长成不同的形态，都有着内在的生理形成机理和表现规律。应当说任何器官的形态，一定是为适应和体现着某种生理功能的需要而产生的，并且在外观形态上表现为一种健康而美好的形体状态。这些肌体的形态，由于每个人的生理、性格、心理等方面的不同，又产生了更为复杂多样的个性差异和形态表现，从而形成了体现不同美感和性格特征的各种相貌。因此，脸型和五官形态美感的产生，首先一定是建立在符合各个部位的生理功能和生理结构的基础上。它告诉我们**化妆必须遵守的一个准则就是：对于五官的塑造和表现，必须建立在合理、健康的生理形态上**。不能为了片面追求某种流行的或者个人的喜好而不顾及生理结构的表现规律，随心所欲地任意描画。

这里讲的合理和健康有两个方面的含义：生理

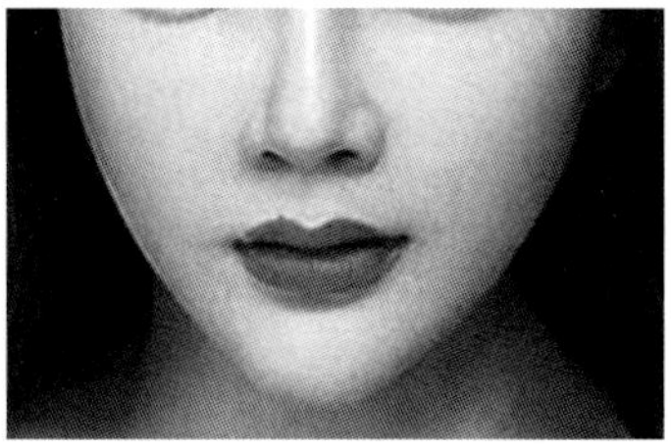
图5-1-9 “锥子脸”

图5-1-10 自然的下颌

结构的合理和形态表现上的适度。任何部位合理的生理结构，本身都体现着一种美感。生理结构如果不合理，就是一种缺陷、一种病态，其外在表现形态一定不完美。合理的就是健康的，健康的就是完美的，因此生理结构的合理是美好形态产生的前提和基础。

一个完美的结构在具体的外在表现形态上，存在着多样的个体差异。比如一个人脸型的骨骼结构都很完美，但是在外表形态上或是胖了，或是瘦了，就表现出不同程度的美感。而一旦超过了合适的尺度，美感就会降低和被破坏。因此表现形态上的适度，是美感产生的直接因素。另一方面，从生理角度上讲，这个形态上的适度，也正是满足某种生理功能需要的一种合适的度量。比如运动员的肌肉发达，是为了满足相应的运动需要；普通人身体各个部位的形体状态，也是反映并符合其相应的工作、爱好、生活习惯等方面的情况。合理与合适是健康的两个表现方面，因此，健康不仅是美感产生的基础和前提，也是美感的表现形式，这一点在任何时候都不会改变。

这个问题，是一个审美取向的问题，是美的核心问题，也是人体美的本质。现实的意义在于，当一种时尚流行的时候，能够帮助我们甄别好坏和真伪，而不至于盲目跟随。某些流行一时的化妆方法，明显违背生理规律和存在病态的审美取向，之所以会使得很多人盲目跟随，就是因为不懂得真正的美感来源于哪里所导致。

任何存在，都是在一定的环境中，一定的背景下产生，一旦这种存在的环境和背景发生变化，一些存在有的就丧失了意义。不合理的东西产生也有它形成的环境和产生的背景，可能会流行一时，但是由于没有合理的内容支撑，就只能是过眼烟云，很快消失。只有好的、真的、正确的东西，才能够经得住岁月的检验，才具有生命力，才能够流传下来和发展下去。

树立正确的审美观，是一个非常重要而严肃的问题，它是形成正确的社会审美风尚的源头。化妆师是美的创造者，是社会审美风尚的引领者。普通大众往往是社会风尚和流行时尚的跟随者，因此化妆师树立正确的审美观具有非常重要的社会意义和现实意义。

这个问题对于当代生活的意义在于：对流行的过于追求的“锥子脸”“芭比眼”“筷子腿”“嘟嘟嘴”等现象以及对男性审美“娘化”的现象要有一个正确的认识。应当认识到，凡是过分追求某种形态而违背生理规律和超出健康形态的现象都是一种病态。

为了追求流行的“锥子脸”而不顾及脸部下颌角的生理结构特征，过分地削弱下颌角的形态，就形成了脸部生理结构上的缺欠，见图5-1-9。尖下颌的美丽，是人们对女性姣好面容的共识，但是美丽而健康的尖下颌脸型，也一定要有下颌角的存在。而且正是由于下颌角的存在，并且下颌角还呈现着多种不同的形态差异，才使得尖下颌的脸型呈现出美丽而丰富多样的形态表现，见图5-1-10。

欧式妆、日式妆和韩式妆各有特点，对待它们的态度应当是借鉴而不是模仿和照搬。一个国家，一个民族，一个地区都有其自身的文化和习俗，审美也一定体现着他们的文化和习俗等背景。美丽无国界但又有差异，美的标准自古以来就不是一成不变的。每一个时代都有其流行或公认的美的标准，但是美丽古今中外唯一不变的准绳就是健康。所谓“环肥燕瘦”，不管是赵飞燕时代的以瘦为美，还是杨玉环时代的以胖为美，胖和瘦的程度都不会超出健康的范围。

树立正确的审美观，是化妆师、造型师和形象设计师必须具备的专业素养和职业要求，也是引领正确的社会审美风尚的责任和义务。

四、人的性格特征体现在生理功能与表现形态的统一和对立之中

要表现或者塑造人的性格，就必须要知道性格特征从哪里产生。前面在形态学的知识中介绍了若干种几何形态的性格特征，这方面在人的形貌中同样适用。并且在人的相貌中，五官的形态和它们的组合形态是性格表现的两个重要方面。

世上没有多余无用和无缘无故的东西存在。任何一种形态，一定是为内容服务的。人体的各个部位的形态，都是为了满足人的各种功能需要而形成的。因此五官的形态，都体现着各自的结构；各自的结构，一定体现着各自生理功能的需要。在具体的形态表现与这种结构和功能之间统一与对立的关系，就是不同性格特征表现的又一个基本因素。比如说眼眉，它的功能是保护眼睛，因此它的正常形态，应当是伴随着眼睛生长并随着眼睛的形态而向下弯曲的，可是当一个人眼眉生长的方向与眼睛背道而驰，就表现出强烈的性格特征。另一方面，统一的性格特征往往在五官上表现为一种共同一致的形态表现。比如一张端庄方正的脸上，长着平和安详的五官，就是一个端庄贤惠、亲切平和的性格特征，当这种协调的脸型和五官的统一形态一旦从某一个方面被打破，就体现出不同的性格表现。比如在这张脸上，眼眉画得不那么温柔祥和了，而是向上扬起或者棱角感比较强了，就产生了某种张扬和凌厉、强势的感觉，那么原本那种端庄平和的性格特征就被打破。

再比如，沮丧悲伤的神情为什么眉眼和嘴角等部位都要往下延伸，是因为利于排出眼泪，释放情绪；相反喜悦的神情就往上延伸。所以性格特征是从形的本身和形的组合方面得以体现，因此一方面要注重对五官的形和脸的形进行深入地分析与研究，另一方面还要从它们的组合形态和生理功能中来研究，并结合形态构成学方面的知识加以更深刻的理解、认识和掌握。

第二节　敏锐的观察力和感受力是化妆师的基本能力

化妆师应当具备的职业能力有两个重要的方面：一是敏锐的观察能力和感受能力；二是熟练的技术表现能力。

一、观察力和感受力

1. 观察力和形、形状、形体、形态

观是看，察是分辨。观察力就是对不同的形状、形体、形态高度敏感和察觉的能力。

这里所说的观察力，就是指对人的五官外貌等各个部位细微的差别和特点，都能够敏锐和准确地察觉的能力。

“形”是一个广义的概念，包括形状、形体，是指形状或形体所表现出来的外表样式。

“形状”，是指形的样式，为了区分形体这里把它理解为平面的（有时候形状的广泛含义也包括形体的形状），它是基本的；“形体”，是指物体的外形，是立体的；“形态”，就是形状和形体处在一定环境中所表现出来的综合状态。

形态包含两个方面的内容：

第一，形本身所呈现出来的状态，包括形、色彩、位置三个方面。形就是形状和形体自身呈现出来的不同形状；色彩就是形本身的色彩，美术上叫固有色；位置就是形所处的方位状态。

位置，也是影响形态的一个十分重要的因素。同样的形，由于所处的位置状态不同，体现出来的形态就会不同，给人的感受也会不同。比如同样一种眉形，在人脸上平的和向上扬的或向下垂的，所呈现出来的性格特征就各不相同；又比如同样的五官，由于三庭五眼的位置分布不同，体现出的相貌特征也不同等。

第二，形所处的环境对其影响所呈现出来的状态。比如几个不同的形组合在一起，它们彼此之间会互相影响。原本单独看起来比较长的或大的，在周围其他不同形的影响下，就会给人感觉不那么长了或大了；深颜色的和浅颜色放在一起，以及暖色

和冷色在一起对比，深色的和冷色的感觉靠后，浅的和暖色的往前等。因此，形态的含义包含环境的因素。

这些现象，要求化妆师要能够分别从形状、形体和形态三个不同的角度分别进行观察。不仅要看到形在一定环境中所呈现出的形态，还要把它从环境中分离出来，看到它自身独立的形状和特点。只有这样才能够看得准确，才能够准确地把握形。

敏锐的观察力，是学好化妆的一个十分重要的能力，并且这个能力也始终贯穿于化妆工作过程的始终。化妆的过程，始终是一个对形的不断塑造和调整的过程，通过不断地比较和调整，使形态达到最佳的表现。没有敏锐的观察力，化妆就会变得迟钝，出现偏差，画得不准确。比如在修眉的过程中会发现，有时候一根眉毛的去留，都会直接影响到最终的眉形效果。这种极小的、细微的差别，在关键的部位点处尤为重要。只有具备了敏锐的观察力，对每一种形和色彩的细微差别都能够敏锐地察觉到，才能够做到对形的准把握，和对色彩的完美运用。

2. 感受和感受力

感受是指通过观察不同的形、形态以及色彩，而使人在心理、情感方面产生的某种变化。感受力就是指对人的形体、相貌所表现出的美感、性格、气质等方面察觉、领会、认知、理解的能力。比如观察一个人的相貌以及他的穿着打扮，对他的相貌、气质、性格等进行判断，并在心理上产生愉悦、美好、亲近、善良或丑陋、厌恶等多种不同心理感受，并且这些感受，每个人会有不同，有感受强弱的差别。

任何形以及所呈现出来的形态，都包含着丰富的内涵，都会对人的内心产生一定的影响。作为专业化妆师，与普通人的感受有着本质的区别。普通人的感受，往往只停留在感觉的表层。而作为专业化妆师的感受，是一个深刻认知的过程，是一个知其然并知其所以然的过程，是从一般人的感性认识上升到理性认识的过程。具体地讲就是一个对被观察的形态进行判断、认知、联想等一系列思维活动的过程。

判断，就是对人外在形象的美丑、性格、气质等多方面的认定；认知，就是对这些被认定的美丑、性格和气质等方面的因果、形成机理、表现规律进行深入地认识和理解的过程；联想，是基于前面两点而想到的应当用什么样办法和手段来应对的想法。也就是说化妆师不仅能够敏锐和准确地感受到一个人相貌的美丑，还能够知道这种美丑产生的成因和应对的办法，也就是用什么样的化妆方法来表现和改造它。

判断就是认定；认知就是认识到为什么会这样；联想就是想到应当怎么办。经过这样一个判断、认知、联想的思维过程，就能够在化妆的时候做到成竹在胸，从而有明确的化妆目标，能够保证画出优秀的妆面。

感受力是主观的，受观察者的经验和阅历乃至个人喜好等因素影响。经验和阅历丰富的人往往会感受得更为准确和深刻。这个方面要在学习和生活中有意识地不断加以提高和培养。从提高自己的观察力开始。要知道观察和感受是不能分开的思维活动的两个方面，没有观察，就不能感受，只有深入观察到才能深刻感受到，进而才能够很好地做得到。

对于个人的喜好，必须要有一个理性的认识，不能因为自己的主观意愿而忽视对方的、大众的、客观的需要和审美标准。很多时候必须放弃自己的主观好恶而服务于对方和客观环境，更不能因为自己的喜好而把妆面画得千人一面，这方面往往是初学者最容易犯的错误。

二、技术表现力

技术表现力就是为了塑造或表现某种形象，所运用的各种具体技术手段和方法的能力。具体地说就是熟练运用各种化妆技巧和技法的能力。这个能力从一个更高的层次上来说，是一种表现力或塑造力。

前面已经比较深刻地了解了“化妆”的含义，那么妆容的“转化”，就是化妆师通过化妆的各种技术手段进行重新表现和塑造的过程。要始终树立一种艺术表现的意识，一定要认识到化妆师是在用化妆笔来表现和塑造出不同美感和性格的人物形象，而不是“画”。这种表现和塑造，是一个化妆师对他头脑中人物形象的一种技术表达，各种化妆技巧和技法，都是用来表现这个人物形象的一种艺术语言和手段。

始终树立这种表现意识，就会把自己的化妆技术水平提高一个层次。在第一节中图5-1-1至图5-1-6演示的从不同出发点画出的不同性格美感的眼眉，就足以说明这一点。因此把化妆定位在一个艺术表达的层面，本身就使自己的化妆水准站上了一个更高的起点。

要把化妆看作为一种艺术创作。任何艺术创作的过程，都包含着不可缺少的两个方面：首先是观察和感受。从社会生活中的各个方面得到启迪和发现，并在头脑中形成和储备一定的艺术思想和艺术形象，这叫做艺术构思或艺术积累，然后才是运用所掌握的技术技巧来进行表达和创作。

艺术构思的高度，往往取决于一个人更多的职业经验、生活阅历和艺术修养，以及多方面知识的积累，它标志着一个人思想和艺术水平的高度。熟练地运用各种技术手段和技巧，把构思的人物形象准确而生动地表现出来，是创作者技术水平的体现。任何艺术作品水平的高低，都共同取决于这两个方面，并且前一点更为重要，它是优秀艺术作品产生的前提条件。

古语道“汝果欲学诗，功夫在诗外”。具体的化妆技法，仅仅是塑造人物形象的一种技术手段。没有掌握好这些技术手段不能创作出好的作品，但是缺少要表现的内容，或者内容空洞不典型、不生动，没有生命力，拥有再高超的技术能力，也没有意义。任何一件优秀而富有生命力的艺术作品，都包含着丰富而深刻的思想和艺术内涵以及精湛的技术水平两个方面。

对人物、对生活的观察和感悟，是获得丰富艺术思想内容的前提，是完成优秀艺术创作的前提，也是使自己专业技术水平达到一定高度的必由之路。

在生活、学习和工作中要养成随时随地观察和感受的习惯，不管到哪里都要用专业的眼光去观察身边各种各样的人，观察他们的形体相貌，妆容打扮；观察他们的言行举止和精神面貌。这个良好的习惯，能够使自己天天得到进步，时时得到启发和提高。各种各样的人，每个人身上都体现着他自己独特的美感和性格气质特征。观察和思考这些美感和性格气质特征从哪些方面体现出来，和一个富有特点的容貌标志性的特征在哪里，都无不对自己的技术水平和艺术思想有着多方面的启发和提高。

在学习化妆的过程中，要始终重视对自己观察力和感受能力的培养，并且应当把这个方面视为一个优秀化妆师重要的职业素养来加以提高。

三、如何观察人

有一位外国艺术家曾经精辟地说：上帝是按照美的法则来创造万物的。其意是说世界上万物形态，都包含着自身美的规律。上帝把世界上最完美的形体赐予了人类，但是人的个体又极少有天生就生得十分完美的。每个人在形体相貌上或多或少都有些缺点。美女，只不过是长得优点比较多而已。

一个素面朝天的人为什么没有化了妆好看，是因为他五官的优缺点互相交织在一起，削弱了本应有的美。化妆师的眼睛应当具有去伪存真的能力，找出其具备的美感的因素，通过调整不足，展现美好的部分，使人的形象更加美好。

作为一个专业的化妆师，应当具备这样一个职业习惯：就是每当看见一个人的时候，就能够迅速而准确地概括出他五官相貌的优缺点，掌握其相貌的特征，并通过这些相貌特征，感受他的内在性格和气质以及家庭、教育、身份等背景情况，进而为有目的地美化其形象或塑造某种形象，做到心中有数。

判断一个人的相貌特征，要从以下三方面来进行观察和分析：优点、缺点和特点。

对于优点，应当保留和加以发扬。并且要通过观察，感受到这个优点美感的倾向性。认识到它是属于哪种美，是成熟端庄的，还是纯真可爱的；是妩媚动人的，还是妖艳诱人的等，最好能够用词语概括出来，这样就会使得人物形象的表现目标生动而明确。

对于缺点，要知道应当从哪些方面要进行完善和掩饰。能够改造完善的，运用所掌握的化妆技巧，很好地完善和美化；美化不了的，想办法进行掩饰，进而突出其美好的方面。

对于特点，也就是一个人特有的相貌和性格特征。这种特征一方面可能是五官形态的特殊，另一方面可能是某种强烈的性格和气质特征表现。对这两个方面的认识和处理能力，最能够体现一个化妆师的专业能力和职业素养的高度，因为这方面如果处理得好，能够使自己塑造的人物形象不仅美丽，还会更加生动、鲜活，具有典型性美感和高度的表现力。

概括出一个人的相貌特征，具有重要的现实意义和应用价值。在当今这个个性飞扬的时代，人们追求的，往往不再是单纯的美丽，更追求具有独特个性的美，因此表现一个人的个性，是化妆的一个重要原则。

拥有一个动人的、个性鲜明的相貌特征，往往会超越单纯的相貌美丽，会使人显得与众不同，超凡脱俗，更容易给人留下深刻的印象。甚至在某些行业里面，一个性格特征鲜明的美好形象，能够关系到一个人事业发展的顺利与否和功成名就。因此，重视对一个人相貌特征的挖掘和表现，体现着一个专业化妆师的技术水平和职业素养的高度。

四、提高自己的感受力

感受力是主观方面的东西，它有着共性的方面同时又因人而异，存在着个体差异。共性的，是客观形态本身呈现出来的被大众公认的方面；个体的差异是观察者对客观形态的理解和认识，不同的人会有一定的差别，表现为有的人感受强烈，有的人感受得不那么强烈，有的人能感受到，有的人可能感受不到，甚至还可能出现感受相反的情况。

共性的是被多数人认可的，能够经受得住推敲和验证，它通常是内在规律和事物本质方面的认证，是基本的，也是获得更多感受的依据和出发点。个体感受的差异，与个人的职业经验、生活阅历、兴趣喜好等诸多主观因素有着密切的关系。在一定领域内的专业人士，有着更为准确、更为敏锐乃至于超前的感受力。超前的感受力，是引领时代潮流的动力，这样的感受力，来自于对专业知识的深入学习，来自于职业经验的不断积累，来自于对生活和时代感多方面的认知和感悟。

化妆，“形”是基础，是根本。首先要对形的构成和形的表现规律进行深入地学习和研究。这方面的问题，是掌握专业知识和提高专业技能的前提，也是在职业生涯中不断地提高自己的专业素养和艺术修养的基础。

1.“形”的构成规律

从色彩方面来说，世界上千千万万种颜色都是由三种原色混合而成，那么从形的方面来讲，世界上千千万万种形都是由两种基本的形演化而来，它们就是方和圆。“方”是指不同比例的四边形；“圆”，是指所有没有角的形。

直线和曲线是形态构成的基本元素，直线形成了方；曲线形成了圆。方和圆的复合和组合，演化出了各种各样的形。

方和圆是两种对立的形态，它们的复合，形成了体现不同方圆特点的复合形，从而形成多种不同的感受。人的脸型就是由不同的方和不同的圆复合而成，不同的美感和性格特征往往就因此而表现出来。同样比例的脸型，有的显得比较方，棱角感比较强；有的就显得比较圆润而没有棱角感，最终给人的美感和性格的感受完全不同。这方面，在人的五官形态中也是一样的道理。因此方与圆两种基本形的概念对人相貌的研究有着重要的意义。

2.“形”的性格与表现规律

任何形和形态都会给人不同的感受，称之为形的表情或性格。前面讲到过几种基本几何形态的性格表现，其中方与圆和直线与曲线呈现出来的性格感受是最基本的。任何复杂形态呈现出来的感受，都是在这几个最基本的形和要素的感受上引发并延伸出来，因此对这些基本形和要素的认识，是掌握复杂形态感受的基础和出发点。

在形态表现上，直线和方，表现为硬的、强的、稳定的、直接的；曲线和圆，表现为软的、弱的、动态的、圆滑的等。这些形态通过它们的复合和组合，又演化出来各种不同感受的形态，使大千世界的万物形态，得到更为丰富的延伸和更为生动的展现。

线作为最基本的形态要素，本身具有很强的概括性和表现性，一切直线和由直线所形成的形，都具有稳重、刚毅的男性化特征。一切曲线和由曲线所形成的形，都具有动态、柔和的女性化特征。在形态学上，线不仅有长度，还有宽度，并且往往随着线的长短、虚实、大小、肌理等表现要素的变化而形成复杂多样的表现形态。

在这方面，许多美学家和艺术家都有过形象而生动的描述。英国画家和美学家威廉·荷加兹说：世界上最美的线条是曲线，波状线是“美的线条”，而蛇形线是“富有吸引力的线条”。曲线往往与温柔和放松联系在一起。画家克利就形象地把线分为积极的线、消极的线和中性的线。

人体上到处都充满着美丽的曲线，艺用解剖学研究发现，人体形态中没有一处是直的，每个地方都呈现着不同的优美曲线。这些优美的曲线，构成了人体和各个部位优美的形体。

直线和曲线、方和圆在形态表现上是对立的两个方面。因此通过掌握不同的曲直和方圆之间对立感的尺度，以及长短、虚实、位置、色彩、肌理等形态表现要素，就是塑造不同人物美感和性格特征的一个非常重要的方面。

3. 根本形态与修正形态

点的运行在没有外力作用的情况下形成的是直线。因此说，线产生的原始状态是直线。曲线的产生是为了适应不同的需要而产生的弯曲，是对线原始形态的一种修正表现。因此曲线反映更具体的内容，表现得更为直观、生动、多样，更富有表情性。

同样，方是形的原始形态，因为它体现的是比例，也就是说方是比例的原始表现形态。圆是对原始比例形态的一种修正。

之所以说方是比例的原始形态，是因为每一种方形，它们本身完全就是某种比例的体现。而其他形是某种比例的不同变形。这些变形都是为了满足不同的需要而对原始比例形态的一种修正，是满足不同功能的体现。因此说：直线和方是根本形态，曲线和圆是修正形态。

根本形态具有原始性和唯一性，修正形态具有多样性和表现的直观性。比如：直线只有一种，而曲线可以有无数种；体现某个比例的方形只有一个，而体现这个比例的圆有无数个。方的根本性还表现在它是所有形的母体，它能够演化出同一比例的多种不同的圆。见图5-2-1。

方与圆形态的表情与性格演化的规律，是掌握其他形和复杂形态感受的基础和出发点。与其说方是一切形态的母体，不如说比例是一切形态产生最根本的因素更为本质。

这方面对于观察和判断人的脸型和五官相貌的美感以及性格特点，有着非常重要的意义。如图5-2-1，如果把它们看做是脸型的话，性格特征就分别显现出来。

在这里要强调的是，对于这些基本形和要素的感受，不能只停留在他人文字描述的层面上，而要把他人的感受，作为对自己感受的启发，使它上升为一种来自内心的感触，不论对“形”还是对“色”都是这样。比如说红色象征着热烈，那么当看到橙红色的时候，应当问问自己，是不是真的能够在自己的内心产生那种热烈的火一样的感觉，还是仅仅记住了别人的描述？所以我们提倡的学习方法是“感悟”。对这些知识的学习，不能只是记住了某种概念，一定要去努力感受，一定要真正“悟”到了才能达到学习的目的。并且，通过这样的学习，达到把自己感悟，转化为自己身上的一种专业直觉，每当遇到具体问题的时候，自己的专业直觉，就使得自己能够快速而准确地把握各个方面。这是一种高度的职业素养和一个良好的职业习惯，需要在一定的专业学习和职业生涯中得到磨炼和提升。

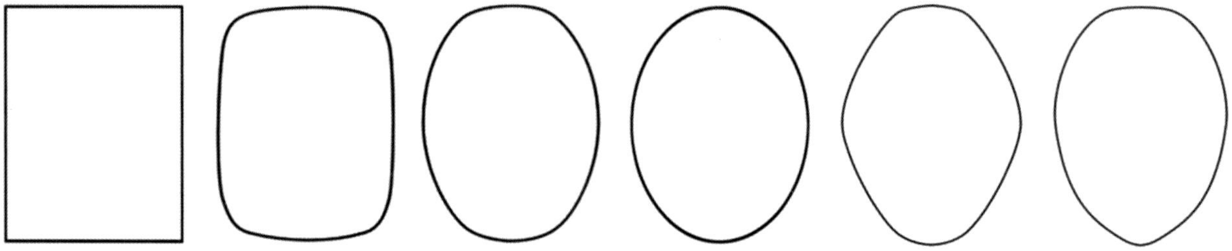

图5-2-1　同比例形态的方与圆的转化

要重视这个方面的学习和领悟，虽然这方面的问题有一定的抽象性，但它却是掌握形态表现规律的基础。对形的感受与对色彩的感受不同，形态规律揭示得往往更理性、更本质、更原始，而色彩则更感性、更表象、更直接。因此对形和色的感受，也可以说是理性和感性的区别。

根本形态和修正形态的概念，告诉我们首先要看到形态的本质，并要处理好本质与表象的关系。在观察人的时候能够抓住其相貌形态根本特征和主要的方面，它是后面相关知识学习的出发点和根本点。对脸型和五官的分析，都离不开这些内容。要知道简单的东西，往往包含着深邃的内涵。越是简单的，往往也越是深刻的。这个方面要在后面的具体章节学习中不断体会和理解。

第三节　形态表现规律和视觉观察规律

一、形态的表现规律

任何事物呈现出来的形态，都有着内在的形成规律。掌握这些规律，对指导化妆造型工作，提高化妆水平有着重要的意义。

整体与局部的关系问题，是事物存在的普遍规律，也是形态的表现规律。

在事物的表现形态上，整体处于决定地位，形成形态的主流。表现在人物形象上，就是人身上呈现出的某种统一的美感和性格和气质特征。统一的，就是在一个人身上各个五官形态共同形成一致的美感倾向性。比如从“形”的角度来说，一个人很漂亮，他/她可能单独来看某个五官并不完美，但在整体的相貌特征上很是协调，体现着某种统一的美感并形成主流，那么他/她的相貌就是好的。相反，如果一个人只是某个地方长得很好，但是更多的地方存在着诸如比例失调或形体有缺欠等问题，那么也是不漂亮的。性格和气质也是一样，如果一个人给人的面相是温柔贤惠的，那么他/她的各个地方都会体现着这种性格特征的统一性，而不会出现与之矛盾的形貌特征来。

统一的表现就是整体的协调。应认识到这样一种现象：各个单独看起来很美的五官，组合到一起并不一定是最美丽的脸庞；整体看很好看的脸庞，如果把五官分开后，其各个部位的形也不一定都是最美的。

曾经有人做过这样的实验，把大多数人认为最美的某些明星的脸型和五官分别分离出来，然后再组合到一起，发现这个新的面容并没有原本的每个人好看，并且似乎缺少了某种神韵，因为它们只是美丽“形”的罗列和堆砌，没有性格的统一，是没有灵魂的。这就告诉我们一个道理：五官单纯美丽的“形”没有意义。因此化妆不能只追求把各个局部五官画得好看，而忽视了整体协调、统一的美感，而这种能够统一、协调脸型和五官产生美感的纽带就是性格。所以在化妆中重视性格特征的表现，是化妆技术水平和专业素养的标志。

整体是由局部组成的，同时局部也影响着整体。并且在一定条件下，关键部位极具特征的局部形态，对整体也起着非常重要的影响，能够形成对整体特征的引领作用。比如“慈眉善目”这种形象，总体特征是慈悲善良的，而这种慈善集中表现在眉目上；再比如“尖嘴猴腮”，总体形象是奸诈狡猾的，但这种奸诈和狡猾却集中表现在了脸颊和嘴上。人们通常对一个人相貌的描述，往往也是抓住他最具性格特征的地方来进行概括。因此，不仅要始终重视整体，还要重视某一局部特征的刻画，塑造出整体统一而又特征突出、鲜明、生动的人物形象。

在塑造和表现一个人物形象的时候，要善于在把握整体形态的情况下，从某个更为具体的局部来突出刻画人物形象。这是人物形象塑造的一种方法，也是一个技巧。做到这一点存在比较高的要求和难度，但它确是一个优秀化妆师或造型师必须追求的最高水准。

如果一个人物形象各个地方都很平淡，既没有什么缺点也没有突出的地方；既没有特别好看的地方，也没有性格特征突出的地方，虽然其五官相貌也都没有什么缺点，那么其形象也就会显得比较平庸，不会留给人更深刻的印象。

试想一下，一个被画得各个地方都比较好看的人，和一个不仅好看，还有着平常人们所说的身上某个地方带有很吸引人的那么“一股劲儿”，哪一种更好，不言而喻。那么平常人们所说的“那股劲儿”是什么，作为专业化妆师要知道，它就是与众不同的极具性格和气质特征的地方。有些电影演员的出道，就是因为其相貌非常具有某种性格和气质特征的典型性而被导演选中。还有更多的人，由于相貌的极具特征性而被人很快地记住和接受，在事业的发展上顺风顺水。所以这个方面，作为化妆师要在化妆的过程中去努力地追求。

如何把握这种特征鲜明的地方，不妨从这样一个思路来尝试：就是看到一个人，先要找出他身上的某个特点，或者叫做“亮点”。这个亮点不仅仅是指“美”的地方，也包括比较“特别”的地方，给人以某种特殊感觉的地方。当然不是所有的人都有这种亮点，但是，往往有很多人身上的亮点，被方方面面的情况所掩盖，甚至连他自己都可能没有意识到，这就需要化妆师来发现。不仅注意他的外在形象，也要观察他的性格和气质等精神状态，也就是神态。所谓“相由心生”，可能你发现了一个人的亮点，有时候不需要作别的，只需给予他充分的鼓励和自信，让他充分地展现出来，就会使他的形象焕然一新。

塑造一个人物形象，要尽可能地明确这个形象的特征是什么，或者说标志性的东西在哪里，并且知道应当从那些个地方和那些方面来塑造和表现。一个人物形象的性格和气质特征，一定最先在他的脸上表现出来，脸是人体形态最重要的局部。

脸型是一个人先天性格的原始体现。尽管在生活中，人的性格可能会发生改变，但这个先天的性格特征却牢牢地刻画在人的脸上。眼睛是心灵的窗户，心理的变化，特别是情绪的变化，都能够通过眉眼，最集中、最鲜明、最准确、最及时地表露出来。嘴是人脸上另一个重要的性格和情绪的表现部位。因此，脸型、眉眼和嘴，是塑造不同美感和性格特征重要的局部。除了它们各自的形态体现出不同的美感和性格特征外，它们的组合能够更突出地形成某种统一的、鲜明而生动的美感和性格特征。

二、眼睛的观察规律

看到一个人，一般是最先看到他的体型，随着距离的接近，然后是发型、脸型，再后是五官各个部位，并且在近距离的交谈中，目光会停留在对方的脸上，不断地在对方的五官之间来回移动，停留最多的地方是对方的眼睛和嘴部。如果脸上某个地方很特别或非常好看，也会吸引人的目光不断地去看。这说明人的眼睛，存在这样一个视觉观察规律，就是：趋大、趋动、趋美、趋特的规律。再来回顾一下第一部分视觉规律的实验，就能够很好地理解这个问题。见图2-2-12至图2-2-20。

大的形体会首先被人看到；活动的地方，会不断地吸引人的目光；美的地方使人的目光很愿意停留；特别的地方会吸引好奇的目光去看个究竟。

特别的地方，一方面是形的特殊，另一方面是色彩的突出。比如一个白皙脸庞上的烈焰红唇，显得是那么的鲜艳夺目。特别美和特别丑，都会吸引人的目光，区别只是特别美的能更长久地吸引目光而已。

趋大、趋动、趋美、趋特这四个要素可以叠加。比如平时所说的“特别好看”，就是既“特”又“美”两个因素的叠加。因此更能够吸引人的目光；如果特而不好，虽然能很容易引起人的注意力，但不能持久，还会使人躲避；好而不特也不能长久地吸引人，不能给人留下更深刻的印象。

想象一下这样一个人物形象的描述：一双特别漂亮的大眼睛，长长的睫毛忽闪忽闪地非常灵动，特别吸引人。这里就集成了大、特、美、动所有的要素，并且这个人一定是一个性格活泼可爱的女孩子，形象特征非常显著。

眉眼和嘴，是脸上最富动态表情的地方。眼睛是心灵的窗户，能够表现出最为丰富的外在的美感以及心理的东西。眼眉与眼睛是一种伴生的关系，它与眼睛共同表现情感。而嘴是一个更具动感的并集形、色、声共存的地方，因此一个特别漂亮的嘴的诱惑力，有时候并不比眉眼逊色。因此眉眼和嘴，成为化妆的重中之重。

特别好看的地方，有一点就足够。如果所有地方都特别好看，也就没有了特别好的地方。不要试图把所有的地方都做到极致。有人说要留一点残缺，叫做残缺的美，其实是用残缺来突出美好的部分。业内知名人士君君把这方面叫做“一点式美丽法则”，指的也是这个道理。

综上所述，这两个规律告诉我们，不能单纯追求单个五官形的美丽，而脱离了整体形象的统一。五官的形，在化妆运用中没有最美，只有更适合。这就要求化妆师对各种五官形态，都要有一个深入的研究，理解其形成机理和表现的规律，掌握更多的五官形态的特点和表现方法，并且具备能够随心所欲地描画和表达出想要的形态的能力。

充分发掘一个人独特的相貌特征，应当成为每一位专业化妆师努力追求的一个目标。比如端庄、贤惠、慈祥、纯真、可爱、清纯、伶俐、豪爽、大气、玲珑、乖巧、性感、精明、精干、利落、知性、妖娆、妩媚等，当你掌握了这些美感的特征，并能够恰到好处地塑造和表现出这些美感特征和性格鲜明的妆容，就标志着自己化妆水平达到了炉火纯青的至高境界。

本章重点

1. 化妆的两个核心内容。
2. 化妆师应当具备的理念。
3. 观察力和感受力。
4. 如何观察人。
5. 形态的表现规律。
6. 视觉的观察规律。

思考题

1. 一个妆面提倡形神兼备，那么“神”的方面都有哪些内容?
2. 如何让被化妆者配合妆面表现出更强烈的性格和气质特征?
3. 开始化妆前如何明确将要表现的妆面特点?
4. 如何理解美感是建立在健康的形态基础上?
5. 举例说明生理结构的合理和形态表现上的适度是人形体美感产生的根源。
6. 在化妆中性格主要表现在哪两个方面?
7. 简述化妆师除了高超的技术能力外，还应当具备哪两个方面的能力。
8. 怎样养成良好的职业习惯提高自己的观察力和感受力?
9. 化妆师的感受力包括三个方面，分别是什么?
10. 简述化妆师的技术表现能力有哪两个方面。
11. 简述化妆师要养成一个观察人的职业习惯是怎样的。
12. 什么是根本形态和修正形态，它对观察和表现的意义是什么?
13. 五官形态形成统一美感的纽带是什么?
14. 眼睛的观察规律是什么，如何利用这个规律进行化妆?

第六章

头部形态分析与脸型修饰

第一节　脸型的分析

脸型是决定一个人相貌的基础条件，也是塑造一定人物形象的根本和依据。要表现某种美感和性格特征的人物形象，首要的条件就是建立在相应的脸型上。

脸型的重要性还表现在它在相貌的美感上起到主导的作用，漂亮的五官放在不好的脸型上不能成为美女，而一个好的脸型能够掩盖有缺欠的五官。好的脸型，尽管五官上有欠缺，却给美化人物提供了基本条件，为后续化妆留下较大的空间。对脸型的深入分析和修饰，是做好后续化妆的最基本的方面。

一、影响脸型的关键骨点

人的头部由两部分骨头构成：颅骨和下颌骨。下颌骨所支撑的脸部部位，就是人们泛指的下巴和脸颊，下颌骨之外的其他更大地方就是颅骨。

头部骨骼的特点相对肢体来说骨骼面积比较宽大，肌肉比较小，因此脸型受骨骼的影响比较大。这里首先来了解一下头骨影响脸型的几个关键部位——骨点。

1. 什么是骨点

骨点就是外部形体的骨骼支撑点。它一般是形体关键部位的起始点和转折点。特点是在骨点部位几乎没有肌肉和脂肪，只有皮肤直接覆盖其上，因此骨骼特征突出，是决定形体至关重要的地方。

2. 应当掌握的脸部骨点

颞线、眉骨、颧骨、下颌角、颌结节、颌隆突，这几个地方是决定人的脸型特征的主要部位。（见图6-1-1）

颞线是额头开始向后转折形成的一条线，下接眉骨，决定额头的宽窄，与眉骨和颧骨有着密切的结构上的关系，共同影响上庭及眉眼的形态。

眉骨也叫眉弓，分为眉弓头、眉骨突隆两个部分；眶下缘是颧骨眼眶部位的边缘。眉骨、颧骨、颌隆突这几个地方是影响脸部立体感的主要部位。见图6-1-2。

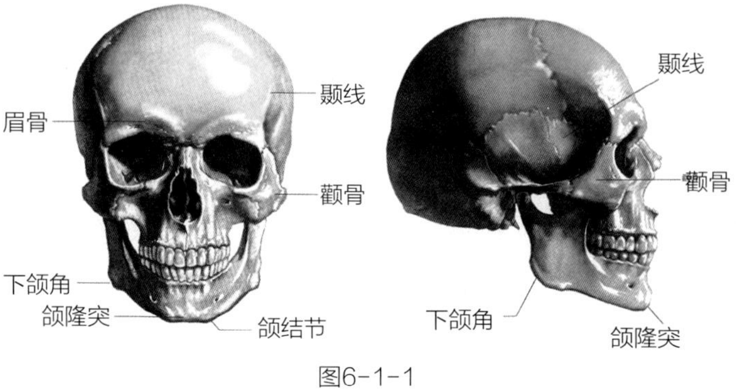

图6-1-1

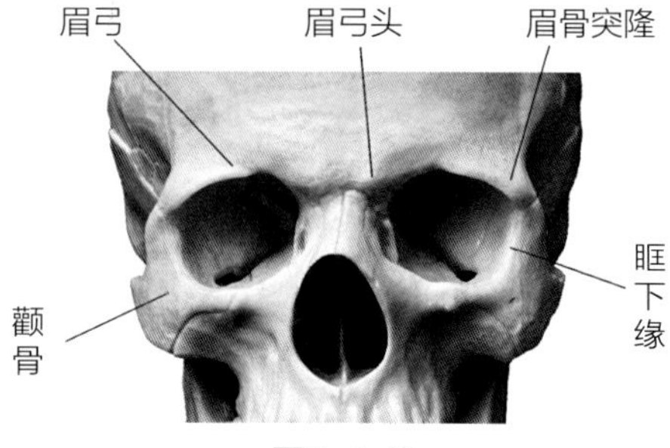

图6-1-2

颧骨决定脸型的宽度，也是脸型性格特征的重要表现部位。

下颌角的位置和下颌角的形状，决定脸颊的形态。颌结节和颏隆突的组合状态，决定下巴尖端的形状，是脸型美感的一个重要部位。

二、下颌骨的形态是决定脸型的主要部位

下颌骨是人头部唯一能够活动的骨头。外表支撑的部位是下庭的主要部分，它是影响脸型的主要部位。

脸型的不同，更多的是下颌骨的差别。额头的形态由于是固定的并有头发的遮挡，因此处于次要地位。

下颌骨上的骨点分别是：左右两个下颌角，决定脸颊的方圆；左右两个下颌结节，决定下颌的宽度；正中间的颏隆突，决定下颌尖端的形态，颌结节与颏隆突共同形成下颌的整体形态。

1．下颌角的形态对脸型的影响

下颌角的形态要素包括下颌角的位置和下颌角的角度两个方面。

下颌角的位置，是指下颌角处于脸颊上下左右的位置。下颌角位置偏下的，脸型一般偏方（图6-1-3）；位置偏上的，脸型一般偏圆（图6-1-4）；位置不明确的，倾向于尖下颌（图6-1-5）。

下颌夹角的大小对脸型的影响可见图6-1-6至图6-1-8。

2．颌结节与颏隆突的组合形态，影响下颌的整体形态

呈倒三角形的，下颌偏尖，形态美丽（图6-1-9）；呈一字形的偏方，形态宽厚（图6-1-10）；呈正三角形的，骨感较强，形态刚毅，这种形态在西方叫苹果下巴（图6-1-11）。

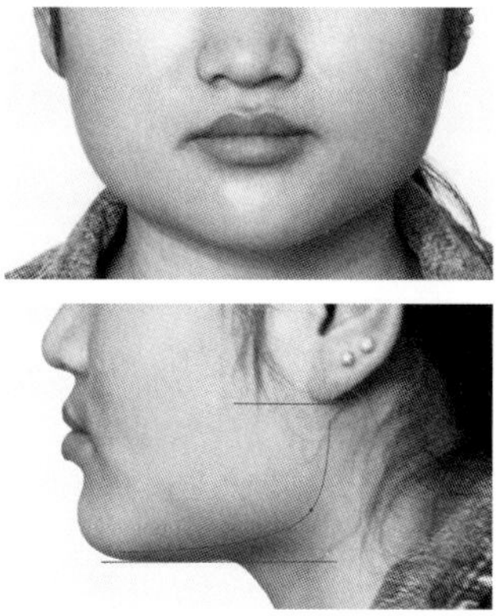

图6-1-3　下颌角偏下

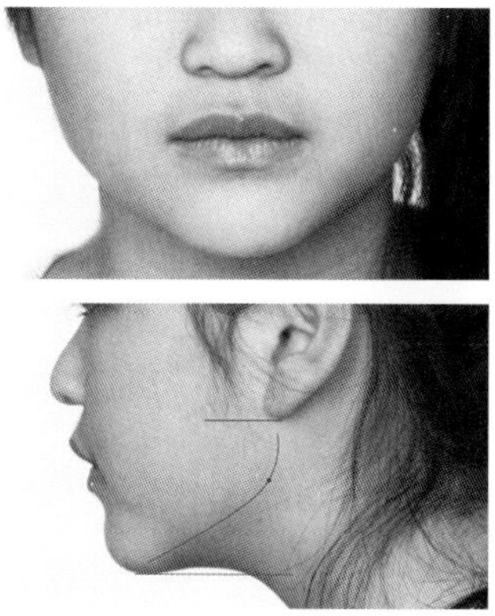

图6-1-4　下颌角偏上

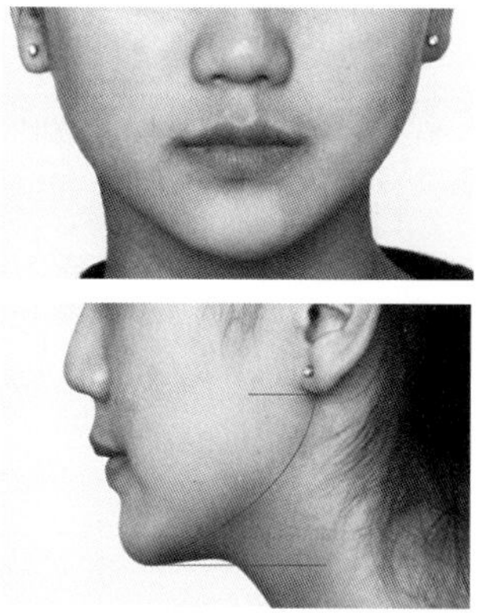

图6-1-5　位置不明确

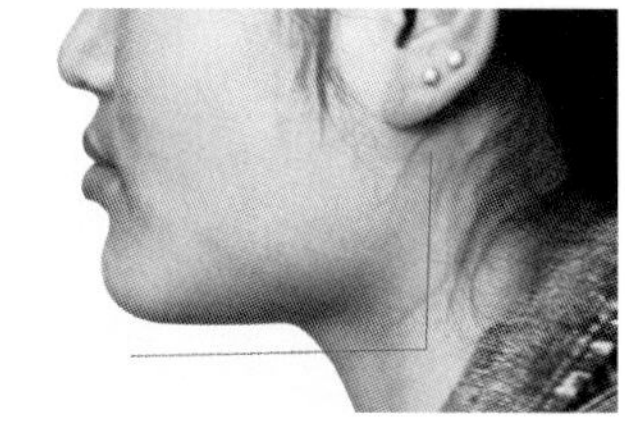

图6-1-6　直角

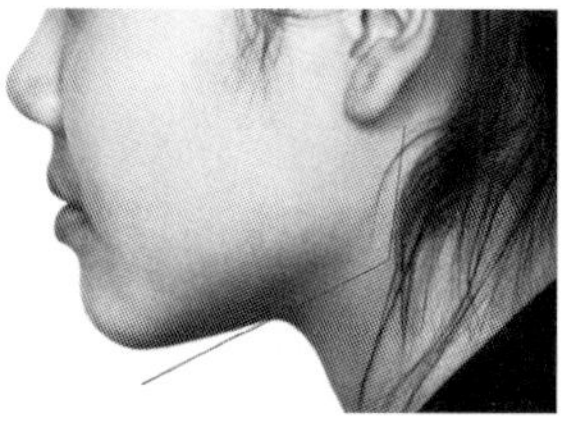

图6-1-7　钝角

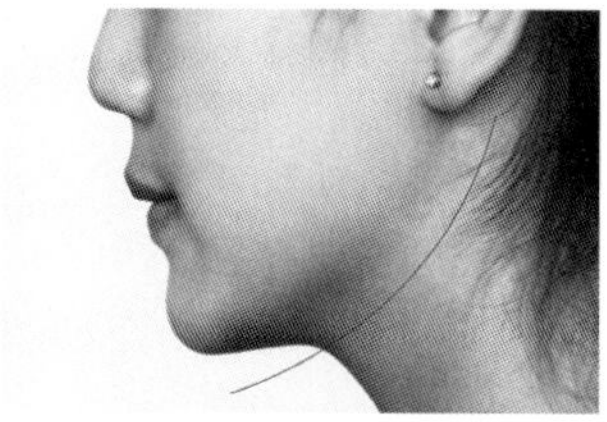

图6-1-8　圆角

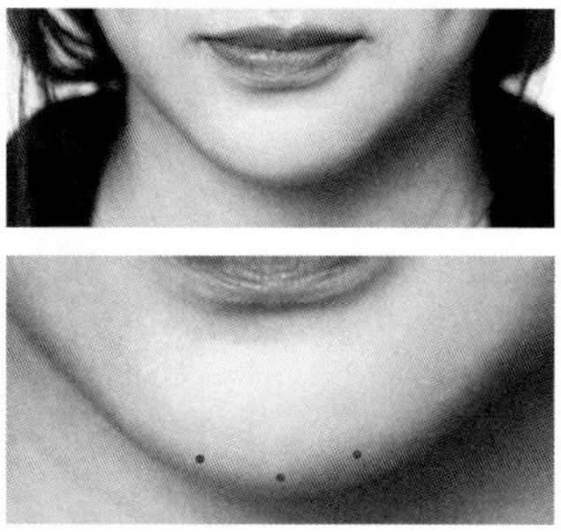

图6-1-9　偏尖的下颌

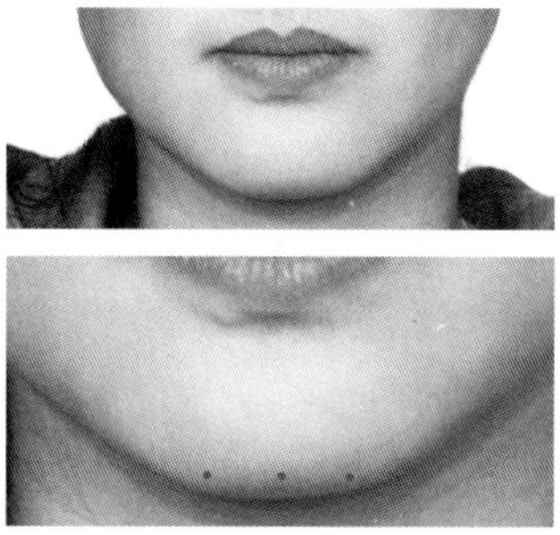

图6-1-10　偏方的下颌

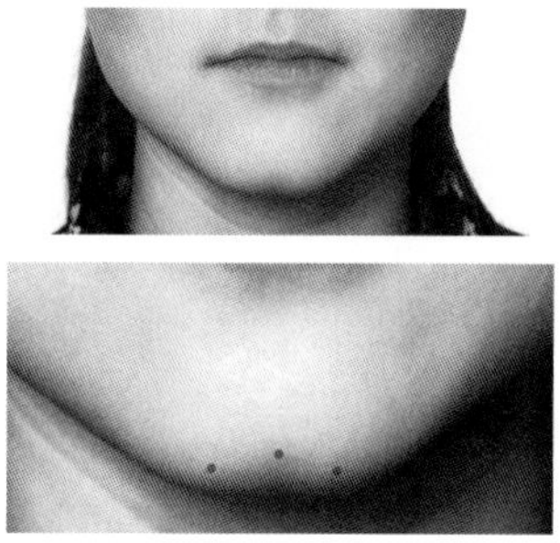

图6-1-11　骨感较强的下颌

了解下颌骨是影响脸型的主要部位，告诉我们在观察人的脸型的时候重点应当分析脸的下半部，以这个地方的骨点为依据，来判断脸型的特征。

第二节　决定脸型美感的因素

一、决定脸型美感的根本性因素

任何形，首先一定体现着一种比例，然后在这个比例基础上产生各种具体的表现形态。可以说美感产生的根本性因素，或者说美的法则最根本的因素就是比例的完美。比例表现在内部结构中，修正形态表现在外表上。

比例包括整体比例和局部比例两个方面。整体比例决定了总体的和最基本的美感，局部比例决定了更为具体的美感。整体比例和局部比例都有着更为具体多样的修正形态表现，从而形成了丰富多彩的万物形态。整体与局部、局部与局部比例的协调，是美感产生的根本性因素，修正形态又使得这种美感产生更直观、具体的表现。

不同的比例有不同的美感。黄金比例的研究和发现，得到了广泛的认同和运用，就是因为它揭示了形式美最根本的问题——比例。可以这么说：比例协调的，具体外在形态表现不一定都美，但是比例失衡的，最终的形态表现一定不美。

方与圆的复合演化出了无数不同美感的形。人的脸型就是由不同的方和不同的圆复合而成。脸型的差别，一方面包含着不同的比例差别，或者说是方的差别，另一方面体现着不同的圆的差别。

1. 脸型的三个根本的形态——三种“方”

这三个根本形态是：田、国、目。分别叫做方脸、长脸、细长脸，它们体现着三种不同的比例形态。

我们不赞成给出具体比例数值的做法，因为对于人体这种有机形态，更注重的是眼睛的直观感受而不是数据分析。从职业的角度上讲，对于不同比例敏锐的察觉能力，也是一个化妆师观察力的体现，因此所谓田、国、目三种脸型，只是作为脸型分析的三个基准比例参考。

2. 脸型的三个修正形态——三种“圆”

这三个修正形态是：申、甲、由，通常被叫做菱形脸（圆脸、椭圆脸）、倒三角形脸（瓜子脸、鹅蛋脸）、三角形脸。申字脸是指两头都小的圆，它与正方复合形成正圆，与长方复合形成椭圆。甲字脸和由字脸实际上是一种形，共同特点都是一头大一头小的圆，只是上下颠倒了位置。

修正形态和根本形态复合能够形成多种脸型。图6-2-1分别是申、由、甲分别与“国”复合形成的椭圆脸、三角形脸、瓜子脸。

作为修正形态，它们都有多种具体的表现形式，比如“申”形，由于棱角方圆的差别就分别形成了椭圆脸、长方脸、菱形脸（见图6-2-2）。

3. 脸型的复合形态

以上“方”与“圆”的两组形态复合，能够比较全面地揭示各种脸型最基本的特征，其中“方”决定的是比例形态，“圆”表现的是具体的脸型特征。

在实际生活中人们对脸型有着多种不同的描述，比如说瓜子脸、方脸、圆脸、长方脸、长圆脸、菱形脸等。这些描述都是从不同角度抓住了脸

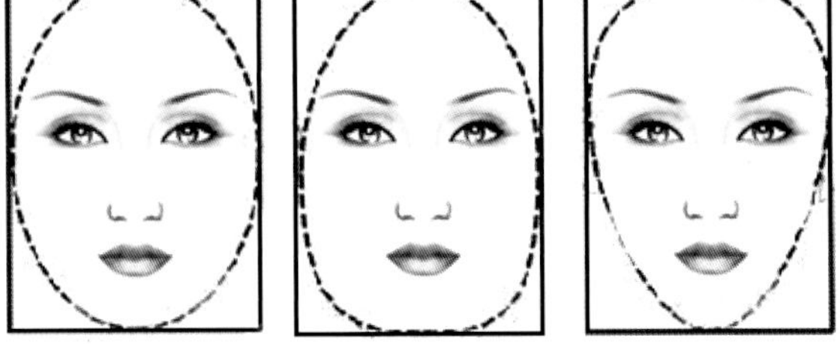

图6-2-1　椭圆脸、三角形脸、瓜子脸

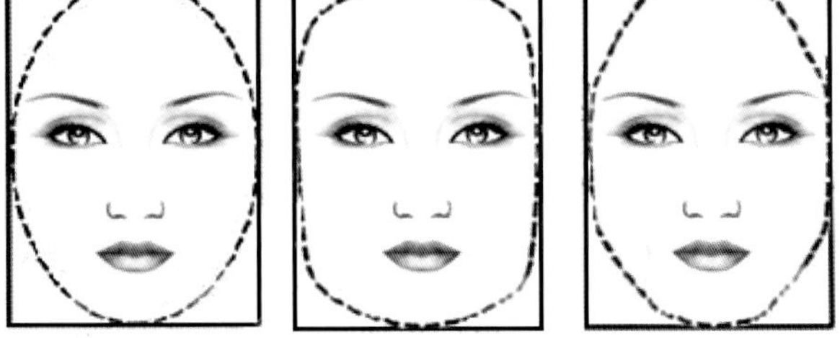

图6-2-2　椭圆脸、长方脸、菱形脸

型某种更为突出的特征来进行描述的。但是脸型千差万别，只有相近而没有相同的。上面的分类，只是从两个大的和最基本的方面对脸型进行的概括和分类，目的是便于对脸型的观察和分析。

修正形态的多样性，使得脸型表现出更为具体和直观的特征来，这个方面表现在“方”和“圆”这两种对立形态的相互融合和转化之中，从而在形态表现上产生了各种丰富的形态感受。

我们说方是形的母体，更确切地应当说比例是形的母体。它不仅能够演化出圆这个与之对立的表现形态，更多的是介于它们之间众多的方圆感不同的复合形态，使得同样比例的脸型，产生了丰富的形态表现。通过多方面的观察会发现，人的脸型除了比例之外，另一个重要的方面就是方与圆的差别。有的人脸型棱角比较强，有的人脸上圆的特征比较突出，因此性格特征也发生了变化。图6-2-2“申”与“国”所复合形成的椭圆脸、长方脸和菱形脸，就是同种修正形态由于方圆的差别所产生的不同脸型。

东方女性和西方女性相貌的差异，很大程度上也集中体现在这个方面。东方女性脸型总体形态偏圆，往往是圆中带方，方中有圆，形态微妙、含蓄，形成所谓的阴柔之美；西方女性恰恰与之相反，骨感突出，棱角感强，美感和性格表现直接而明确。

4. 方与圆形态的对立与转化在化妆中的作用

掌握方与圆两个对立形态的性格和表情，以及它们相互复合转化而表现出来的多种形态感受，对于分析和塑造不同美感和性格特征的人物形象，具有重要的指导意义。比如要塑造一个强硬的人物形象，就要在他的脸上呈现更多的方的、直的，角的、短的、粗的等形态要素；而一个柔弱的人物形象，就要更多地表现出圆的、弯的、虚的、细的、长的等特点的五官形态。并且这里面软硬程度的把握，就在于方圆和直曲之间。因此，把方与圆作为两个对立的基准形态，掌握它们之间的关系，根据需要把握一个恰当的尺度和分寸，就是塑造不同美感和性格特征的一个基本方法。后面关于五官形态的各个章节中，方与圆的形态概念始终存在其中，要在学习中不断地加以理解和感悟。

对于美感产生的根本性因素认识的意义在于：优秀的化妆师要能够排除表面形态的干扰而看到一个人美的潜质，并且将其发掘出来。比如一个人相貌直观上看起来比较一般的人，但是经过观察发现他/她的各个地方的比例结构都很好，可能是皮肤的质量和具体五官的某些地方影响了整体的美感，那么这就找到了其优缺点所在，也就找到了美化其容貌的依据和基础条件，就很容易运用各种具体的化妆技法，表现出她本身应有的美。

5. 典型复合型脸型比较

瓜子脸或者鸭蛋脸普遍被人们认可，因为这种形态是“国”和“甲”的复合。从根本形态上来说它的比例趋近于黄金比例，而在修正形态上看，“甲”字脸型符合人这种智慧生物大脑和口部生理功能的比例结构需要，因此这种形态是合理的，适度的，也就是正常的、习惯的，所以也是最富有美感的。这就是为什么“甲”字脸的形态给人的感觉是聪明的、灵巧、秀美的，而相反的“由”字脸给人的感觉是忠厚的、朴实的、壮硕的乃至笨拙的。

仔细观察图6-2-3三个脸型，分析图6-2-4至图6-2-6中a、b、c三条连线的长短比例：

图6-2-4 a:b:c比例适中

图6-2-5 a:b:c比例稍大，脸型稍显尖削

图6-2-6 a:b:c比例稍小，下颌稍宽、稍方

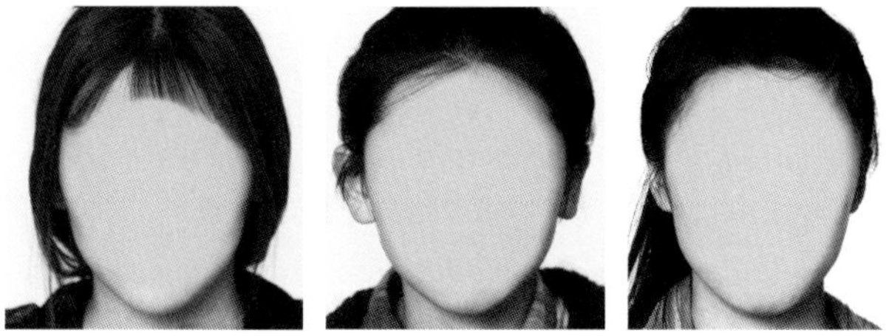

图6-2-3 三个不同的脸型

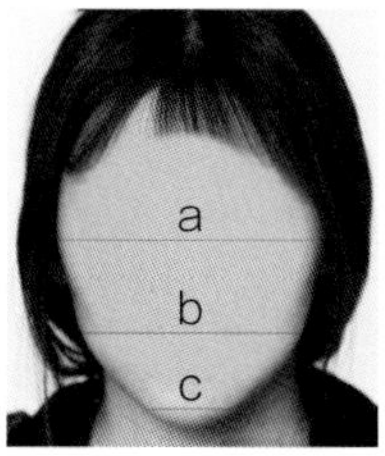

图6-2-4 比例适中

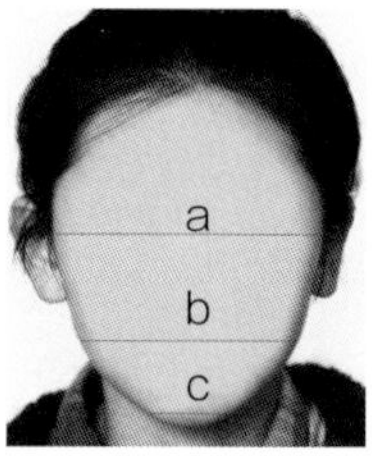

图6-2-5 比例稍大

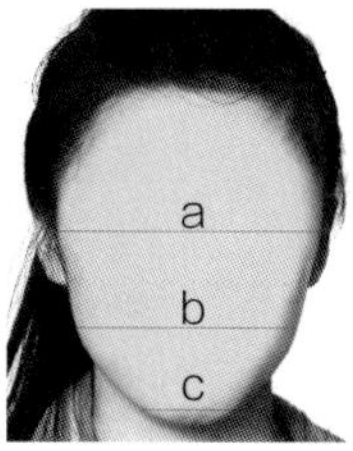

图6-2-6 比例稍小

这三个脸型共同的特点是：它们都是由国字和甲字复合而成的脸型，它们有着共同的整体比例，但是它们的美感又有着很明显的差别。这里关键的区别就是颧骨、下颌角、颌结节三者间距的比例差异。这个比例就是局部比例，最好看的应当是第一个脸型，各部位比例适中，美感最强。

任何一种形态，美的基础和前提，就是比例的完美和协调，并从整体比例和局部比例两个方面体现出来。比例的完美，成就了结构的完美；结构的完美，为更具体的修正形态的完美表现提供了基础条件。结构不完美的，即使修正形态如何美丽，最终都改变不了比例失衡和结构缺欠的本质，最终都不会是美的。

根本形态是美感产生的基础和前提，而修正形态影响着形态的最终美感。虽然瓜子脸是最美的一种脸型，但是在生活中，一样存在田字脸或目字脸美观度超过甲字脸的现象，这就是修正形态的作用。因此说，比例或根本形态，只是美感产生的基础和前提条件，是根本的。而更为丰富的、直观的美感来自于具体的修正形态。

二、决定脸型美感的决定性因素

1. 脸型的曲线美——体现骨点的美丽曲线

美好的脸型，轮廓线呈现着非常美丽迷人的曲线形态，充分体现着骨骼和肌肉的完美结合（见图6-2-7）。

由于脸是立体的，从不同角度看其轮廓线呈现不同的状态，因此把脸型的轮廓线从三个角度分为正轮廓线、中廓线和侧轮廓线三个方面。下面首先从正面轮廓线来分析。

（1）正轮廓线

正轮廓线是正面脸型的边缘线，它是从太阳穴处的发际线沿着颧骨、下颌角、下颌结节到另一侧的发际线的一条连接线。

分段观察组图6-2-8脸型轮廓线：

脸上的这些曲线，每一段都呈现着优美的形态。它们是由骨点和肌肉共同体现出来的，是脸的骨骼结构和各部位适度的肌肉形态表现，过于丰满和过于消瘦的脸上都缺乏这样的曲线美。

所谓骨感美，就是能够体现人体骨骼结构的美丽形态。人体结构是靠各个部位的骨点所体现出来，流畅的曲线是由适度的肌肉产生的。骨感之所以是一种美，是因为一方面它体现了人体美好的结构形态，同时适度肌肉形态又形成了优美曲线，使得骨骼和肌肉分别表现出方与圆、硬与软两种不同形态感受的完美结合。

同样的脸型，骨骼结构明显的与不明显的美感对比，观察组图6-2-9：

同样比例的脸型，上排的脸型特点是骨点不突出，结构不明确，显得脸型轮廓线单一，有些臃肿感；下图是骨点比较突出，结构感比较强，脸部轮廓线优美。

（2）中轮廓线

中轮廓线是指：颞线—眉骨突隆—颧骨—口轮外缘—下颌结节的连线。其中美感最突出的是颧骨以下部位，见图6-2-10脸中红线。

脸型中部的这条线，从侧脸看最为明显。总体的形态是一条曲折而优美并且形态多样的曲线，是脸型中最优美、最重要的一条线，是脸部立体结构重要的表现形态。在大多数情况下，它往往在脸上同时呈现出左右两条，它们不仅本身呈现出优美

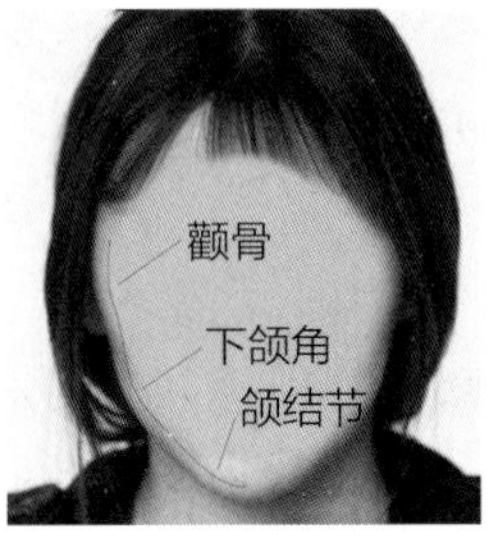

图6-2-7　脸型轮廓线

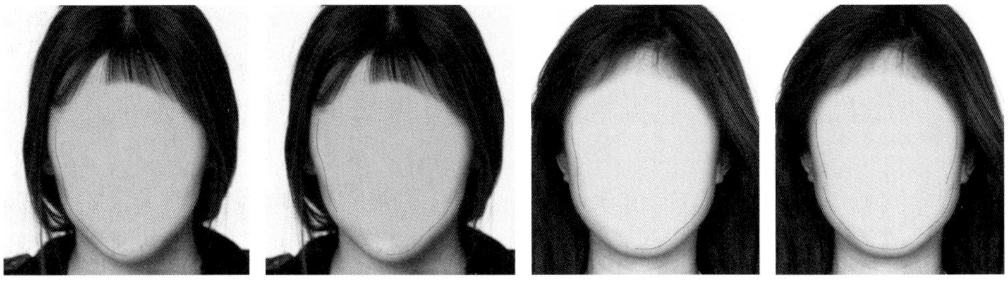
图6-2-8　不同的脸型轮廓线

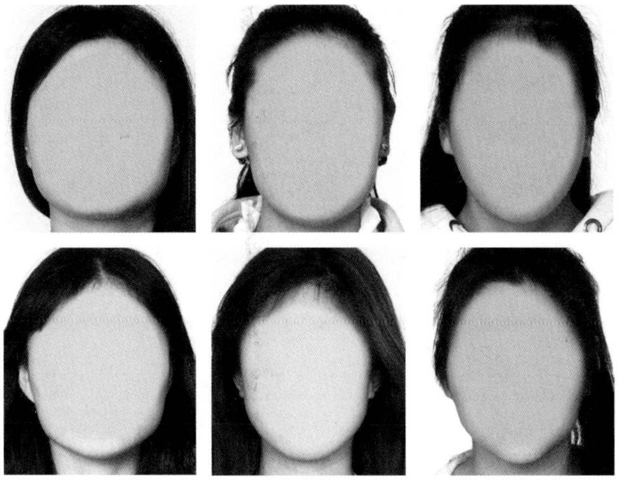

田字形脸　　国字形脸　　申字形脸

图6-2-9　三种脸型

图6-2-10　中轮廓线

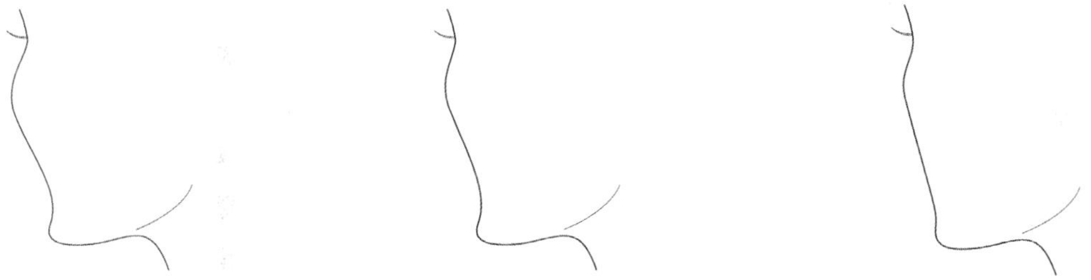

颧骨位置偏上与高矮和下颌隆突影响侧轮廓线的曲折形态

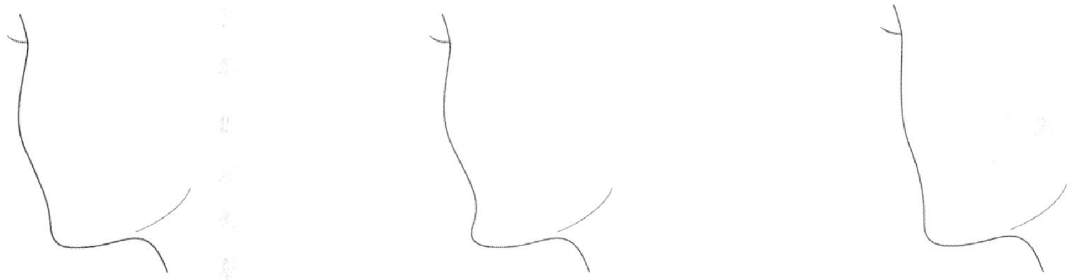

颧骨位置偏下与高矮和下颌隆突影响侧轮廓线的曲折形态

图6-2-11　脸部形态差别

的形态，并且与下颌轮廓线形成完美的脸部结构形态。曲线形态优美而微妙，形成非常多样而优美的形态，是观察脸型结构的重要部位。

从侧面看中轮廓线所表现出来的脸部形态差别见图6-2-11，可以看出中轮廓线能够很好地体现脸部的立体感和不同的曲线美，其中关键的地方是颧骨和下颌隆突两个地方的位置和形状。

（3）侧轮廓线

侧轮廓线是指从正侧面看脸的边缘线，是从额头—鼻骨—嘴—下颌隆突—下颌结节—下颌角—耳轮下的连线。

侧轮廓线可分为两大段：前脸轮廓线和下颌轮廓线（图6-2-12）。

前脸轮廓线是指从额头到下颌隆突的部分，有三种形态（图6-2-13）。前脸轮廓线美感最突出的部位是鼻梁的形态（这方面在后面关于鼻部的章节中介绍）。

下颌轮廓线是指侧轮廓线的后半段，它包括嘴唇的下部、颌隆突、下颌结节、下颌角到耳轮下。是一条形态微妙多样的美丽曲线，反映出侧脸整个

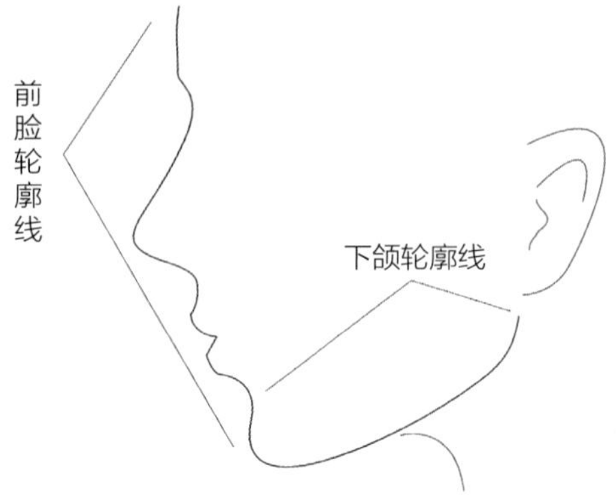

图6-2-12　前脸轮廓线与下颌轮廓线

下颌部位的轮廓线。它的形态直接决定脸型的好坏，是观察的重点部位。

下颌轮廓线在结构上有三个方面的形态要素：一个是下颌隆突的形态，也就是下巴尖端的形态，另一个是下颌角的形态，第三个是下颌缘的形态。下颌缘就是下颌的边缘线，是下颌结节与下颌角连线的形态，见图6-2-14。

下颌隆突也就是人们平常说的下巴尖，是影响脸型美观的一个十分直接的地方，一般来说尖下颌的脸型美观度都比较高。

下颌角的形态，前面分析过由于角度和位置的不同，形成多钟不同美感和性格特征的形态。方的男性化特征突出，圆的女性化特征突出。

下颌缘这条线，形态相当丰富和微妙，分为三种：第一种是弧线形的，大多数的女性呈现这种状态，形态众多而柔和美丽（图6-2-15）；第二种是直线状的，与下颌角形成比较方的脸型，有一定的骨感（图6-2-16）；第三种是向里凹的，这种脸型骨感比较强烈，男性化特征明显，性格特征比较刚毅（图6-2-17）。

下颌轮廓线是一条优美而富有魅力的曲线，在侧脸的时候尤为显得突出，并且在一定的角度下，它常常与左右两条中轮廓线形成完整的脸型下部的形态，是脸型美感最主要的部位。集中了颧骨以下脸部所有的骨点和肌肉形态，能够全面地反映出脸型的结构美和外在的形态美（图6-2-18）。

观察组图6-2-19中不同脸型的结构特点和美感，分别从两个方面进行比较：

（1）从两条中轮廓线和下颌轮廓线三条线来观察脸型结构形成的不同美感和特点。

（2）从下颌隆突、下颌缘以及下颌角三个部位观察下颌轮廓线的形态差别和不同美感以及性格特征。

从组图6-2-19中可以看出，脸型不同的美感主要表现在脸的下半部，并且中轮廓线和下颌轮廓线三条线能够非常准确地反映脸型的结构美感和形态美感，特别是脸型的结构美能够得到完美的表现。中轮廓线和下颌轮廓线是脸上最富美感的三条线，其中两条中轮廓线主要表现的是脸型的立体美；下颌轮廓线表现的是脸型的形态美感。

图6-2-13　不同的前脸和下颌轮廓线

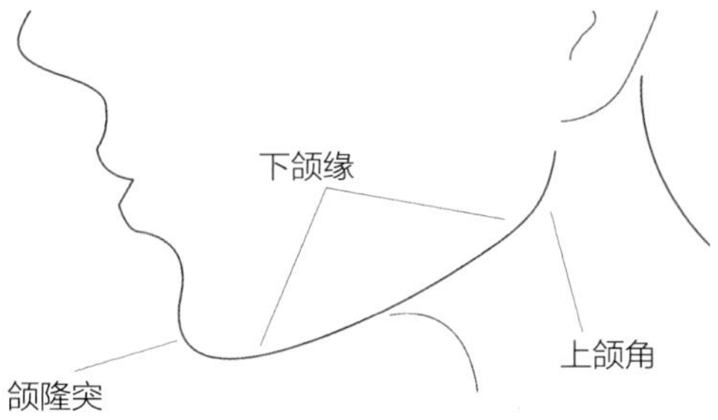

图6-2-14　下颌的结构

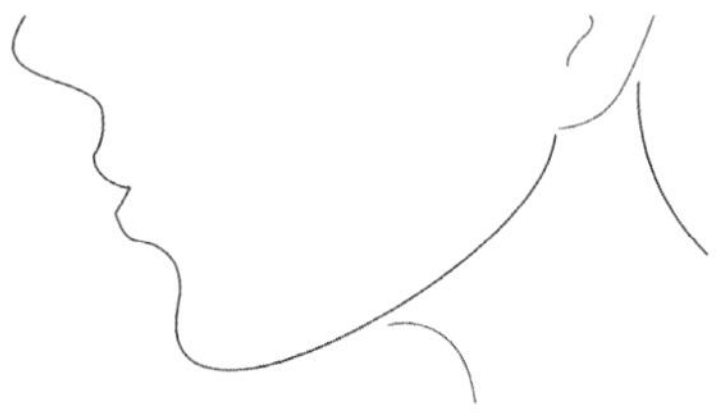

图6-2-15　弧形

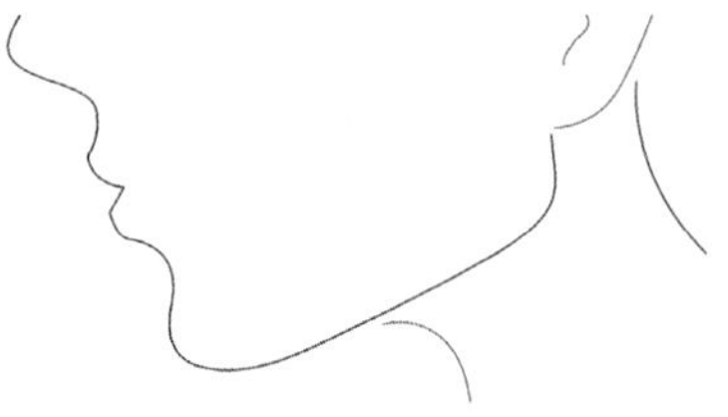

图6-2-16　直线形

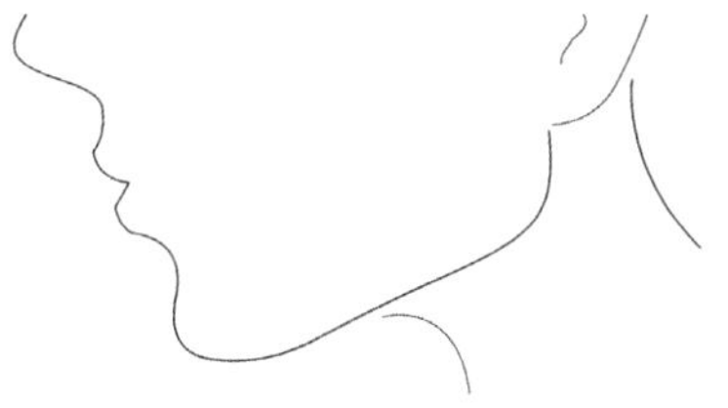

图6-2-17　凹陷形

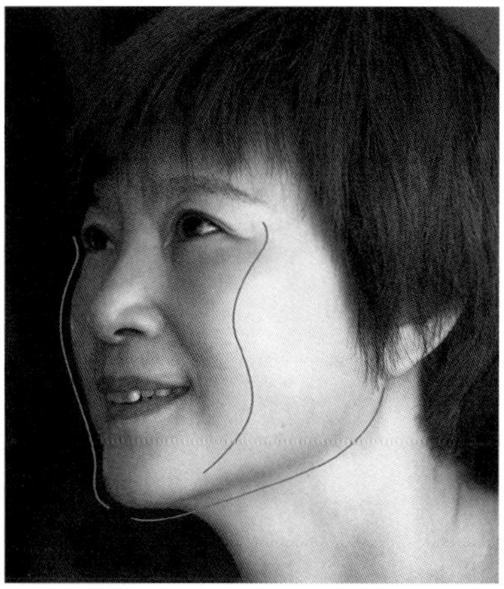

图6-2-18　下颌轮廓线和中轮廓线

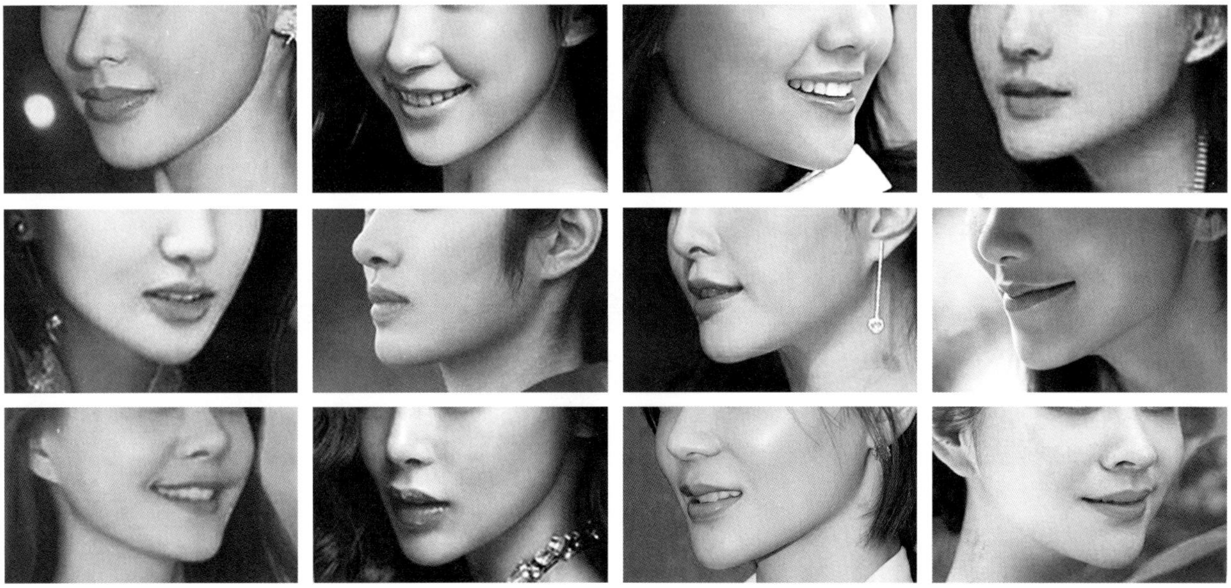

图6-2-19　不同脸型的结构特点和美感

2. 脸型的结构美

结构美也称立体美，就是能够体现出形体本身结构的，比例协调的美感。人的形体，不管是整体还是局部形态，处处都体现着自身的结构美。头部的骨骼虽然只有两大部分，但它却是人体骨骼结构形态最复杂的部位，体现着复杂的结构关系和独特的美感。

所谓“高级脸”，最突出的特点就是脸部完美解构的体现。标志性的地方是颅骨和下颌骨之间的衔接结构，并且下颌骨比例完美，“方”的特点比较突出。没有完美解构体现的脸型，就谈不上“高级”（图6-2-20）。

首先颅骨和下颌骨这两大块骨骼的结构，形成了脸上最大的一个结构。它主要表现在颧骨与下颌骨的连接部位，外在形态表现上就是颧影沟的出现。此外人脸上还有颞线与眉骨粗隆和颧骨处的结构；眉弓头与鼻梁处的结构；嘴部与下颌骨的结构。这些部位都体现着美丽的结构形态，下面分别加以分析和研究。

（1）颧骨与下颌骨的结构

这个结构是脸部最大也是最主要的一个结构（图6-2-21）。表现在颧骨和下颌骨的衔接处形成的一道沟。叫做颧骨沟或颧影。颧影是脸上结构美最为突出的地方，胖的人不明显，清瘦的人会比较明显。

颧影或颧骨沟，是一个非常重要而美丽的地方。胖一点的人修容时打上了颧影，就会觉得瘦一些，圆润的脸上打上颧影，就会显得骨感一些。

在摄影上有一种布光的方法叫做“美人光”，其特点就是让光线从正前上方打下来，在颧骨下方形成一条暗影，突出颧影效果，从而形成脸部立体而美丽的形态。

图6-2-20

图6-2-21

图6-2-22

图6-2-23

图6-2-24

图6-2-25

图6-2-26

（2）颞线和眉骨粗隆与颧骨的结构

这个地方就是颞线和眉骨突隆与颧骨连接处的结构，从图（6-2-22）可以看出表现为额头和颧骨两个地方结构上的叠加。

颞线是额头向后的转折线，下与眉骨粗隆相连，而眉骨是眼眶骨的上缘，与眼眶下缘形成一个向里倾斜的结构，因此眼窝是往里倾斜的。很多人对颞线没有足够的重视，因为额头常常被头发遮挡，因此大家把注意力都放在了眼睛部位，要知道在化妆中对外眼角和眼影的修饰，实际上是在表现眼部的这种结构的基础上发展而来的。在必要的时候强调一下颞线，能够突出额头与颧骨处的结构感，会使人显得清瘦些、骨感些。

（3）口部的结构

口部是颅骨与下颌骨之间通过上下牙齿形成的连接处。嘴部是靠牙齿承托起来的呈现半圆柱状的肌肉组织，因此在嘴部一般呈现一个半圆柱状的结构状态。（图6-2-23）

（4）眉弓头与鼻梁处的结构

眉弓头与鼻骨处也是脸部结构表现的一个突出部位，在这个地方通过打暗影和提亮就能够很好地表现出结构的美感，这是一个很常规的脸部修饰方法。（图6-2-24）

（5）脸型的三个立体层面

如果从立体的角度把人的面部分成三个层面的话，由里往外分别是：

第一层：颞线、眉骨、印堂、鼻骨（图6-2-24）；第二层：颞线、眉骨突隆、颧骨、口轮外缘、颌结节（图6-2-25）；第三层：发际线、耳前沿、下颌角、颌结节（图6-2-26）。

简单地理解就是：第一层就是额头和鼻梁，所谓的“T”字部位；第二层就是脸中轮廓线；第三层就是脸正轮廓线。

观察一个人，就要从这几个地方概括出其脸部特征，具体地说就是额头、颧骨、下颌的结构比例和轮廓表现。脸的下层是脸型的形态差异，脸部中上层的差异是脸部立体感强弱的重要标志。

脸部结构切面分析图6-2-27

用直线概括出的结构切面，有助于发现和理解结构的美感。各个面的转折本身就体现出结构性的美感，而真实的脸部又都是以微妙的曲线形态表现出来，因此美丽的脸庞是同时呈现着优美的结构和曲线的美两个方面。

3. 关于人体上的“沟”与“窝”

人的体表上除了轮廓优美的曲线，还存在着两种美丽的体表形态——“沟”与“窝”。

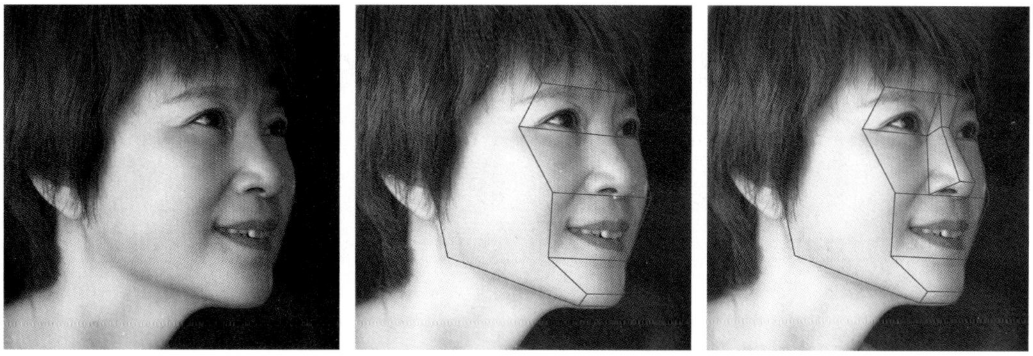

图6-2-27　脸部结构切面分析图

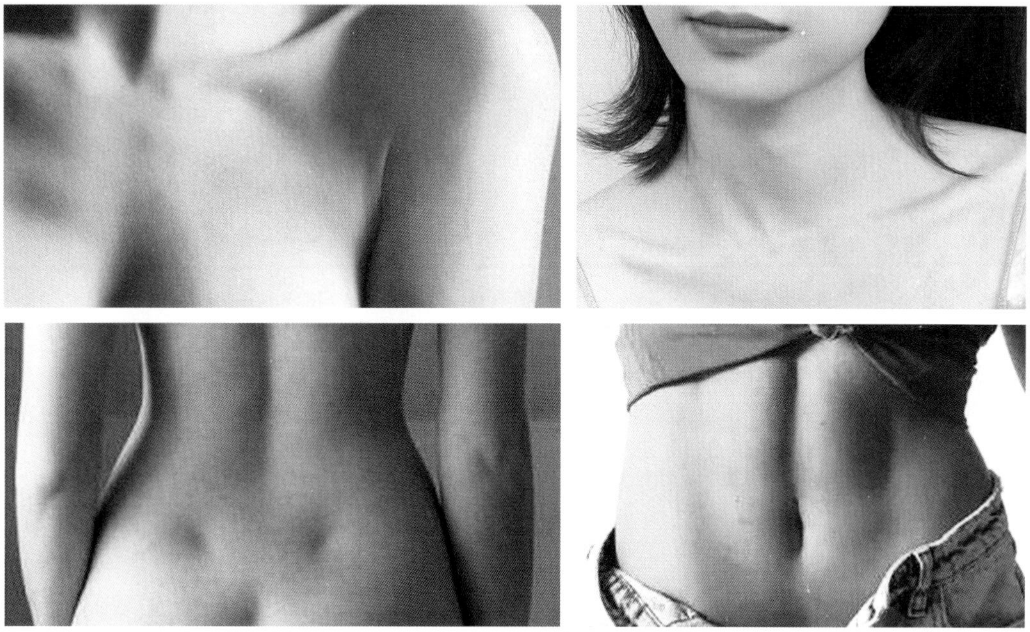

图6-2-28　人体上的“沟”与“窝”

在脸上沟有颧影沟、鼻沟、人中沟等；窝有酒窝、眼窝等，这些沟与窝在人体的躯体上形态表现更为突出和优美。脖子上有锁骨窝、锁骨沟等，后背有脊柱沟、腰部的两个腰窝，还有腹沟等，四肢上也存在这些沟和窝，它们都是体现人体骨骼结构和肌肉形态美的表现（图6-2-28）。

与脸比较近的锁骨窝和锁骨沟，对容貌有一定的影响，特别是夏天或者展示性的装容等身体部位裸露比较多的情况下。因此适当强调一下锁骨的沟和窝也能够起到美化妆容的作用。比如在晚宴造型中，一些晚礼服使得颈部和胸部裸露比较大，因此要注意这个部分皮肤表现。

第三节　脸型的性格特征和五官比例分布形态

一、脸型的性格特征

1. 基本脸型的性格特征

对于不同形的感受，每个人都有一定差异，但是主体的方面存在着共性。这里就普遍的共性的感受加以提示，化妆师要在生活和工作中有意识地去感受和体验。

田：富态、敦厚、诚实、宽厚、大气等；

国：端庄、美丽、贤惠、和善、稳重、平和等；

目：秀丽、清新、灵巧、瘦弱等；

甲：美丽、聪明、灵巧、活泼、奸诈等；

由：粗、笨、愚、钝、壮实、憨厚等；

申：呆、消沉、灵秀（骨感突出的）等。

上述两组复合形的性格特征，要根据各自的具体形态特点具体去感受。

2. 五官位置分布的形态分析

五官位置是指五官在脸上的分布状态，从“五眼”方面来分，分为三种：正常的；聚集的；分散的。聚集形是指五官都趋向脸中间部位，直接的表现就是眉眼间距小；分散形与之相反，五官分布分散，眉眼间距大。它们给人的感受是：

正常形：自然、美观；

聚集形：小气、狭隘、古怪；

分散形：呆、傻、愚笨、弱智。

关于脸型和五官美感和性格特征的认识，要在平时积累大量的人物形象素材进行比较和观察分析，从而提高感受和加强认识。自己身边的，公众人物的，路上所见的，电视电影里看到的等，都是获取大量素材的地方，只要养成良好的观察习惯，就能够不断地得到提高。

二、关于“形”美和“色”美

生活中常常会发现这样的现象：有的人很耐看，而有的人不太耐看。

有的人初次见面的时候会觉得她很漂亮，可是接触时间长了会发现其实她并不像第一次看见的那么漂亮了。而又有一种人，初次见并没有觉得很美，但是随着不断的接触会发现其实她挺漂亮的。原因是什么呢，这就是“形”的美和“色”的美的区别。

形的美，就是其脸型和五官的形态和结构的美，是前面所讲到的结构、比例和具体形态都很好而产生的美。这种美是真正的美，是能够经得住考验的美，因此很耐看。这样的人可能是由于如皮肤的肤色和质量等多种因素受到了影响，没有一下子被人们看到，但是时间长了还是会被发现的，从而形成越看越好看的现象。

而很多皮肤细腻白皙的人很打眼，更容易被人快速接受，是因为皮肤的肤色和质地引了人。我们讲过，眼睛的观察特点是先“色”后“形”。有句俗话叫做“一白遮百丑”，就是这个道理。因此好的皮肤能够很直接地给人以美感。可以做个试验，看一群人，被你最首先发现的，一定是那个皮肤白皙的人。所以说拥有一个白皙润泽、光洁细腻的皮肤，能够掩饰相貌的不足。因此追求一个好的皮肤，是人们追求美的第一重要的方面，并形成一个独立的皮肤美容行业。

另外还有句话，叫做“人美在骨不在皮”，说的就是“形”的美。皮肤表面质地和色彩最容易被人直接接受，因为它们的美感表现最为直接。而形体结构的完美往往包含在外表的形态中，虽然没有好的皮肤那样被人接受的快，但它能够经得住推敲和考验。

一个“形”和“色”都很美的人，就应当是个美人了，所以化妆的过程，实际上就是处理好两个方面的内容。“形”和“色”这两个方面不仅是化妆的核心内容，也是化妆师观察和分析人相貌方法的两个方面。在观察和分析人相貌的时候，要能够分别从“形”和“色”两个方面来观察才能够看得准确。对于皮肤好的人，要能够从良好的皮肤表面看到其“形”的不足；对于皮肤质量不太好的人也能够从“色”的表面看到其“形”的优点，这就是化妆师的眼睛既能够看到表面又能够看到本质的能力。

化妆第一步的底妆阶段，主要的目的，就是塑造一个好皮肤。好的粉底和蜜粉不仅仅是改变皮肤的颜色，还有改善皮肤的质地的作用。这个过程，在化妆中是一个打基础的过程，后面的眉眼口鼻等的化妆过程，则更多是“形”的塑造过程。在化妆的过程中，“形”和“色”始终是不可分开的，“形”是根本，而色彩又对“形”产生影响，“形”和“色”都处理完美了，化妆也就成功了。

学会深入地分析和判断人脸部的结构，实际上是一种透过现象看到事物本质的观察和分析方法，这样我们能够看到和发现一般人看不到的东西。对于一个人来说，你看到了他的潜在的优点，发现了他被忽略的美好的地方，并且有能力通过自己的技术能力把它们展现出来，这就是一个成功的化妆师必须具备的专业素养和技术能力。因此说学会对人的观察和分析是成功化妆造型的基础和前提。

第四节　脸部的修饰原则

一、东方人和西方人的头部差别

东方人与西方人的相貌存在较大的差异。东方女性脸部总体上立体结构感没有西方人突出，而西方人的脸型大都棱角分明，立体结构感比较强。这也正反映出两个人种不同的性格特征。外貌是性格的反映，东方女性所谓的阴柔含蓄的美与西方女性的直接奔放的性格特征，形成明显的对比。

欧美人认为亚洲人的头比较大。有关方面的人士经过研究得出的结论是，两个人种头围周长与身体的比例没有明显的差别，只是表现形态上存在着明显差异。就是亚洲人头部大都呈现扁平的特点，就是脸比较宽，而头的厚度比较小。欧美人正好相反，面部比较窄而头的厚度比较大。这种结构上的差异本身就说明西方人脸部的立体结构感比较强，在形态表现上就是一种优势，因此东方人追求脸部的立体结构感是比较普遍的现象。

二、脸部修饰的目的和原则

脸型的修饰有两个方面的目的：修正脸型和塑造立体感。修正脸型形是对脸型的轻微改变，比如纠正脸型轻微的不对称，塑造出比较尖削下颌等；塑造立体感是突出脸部各个部位的结构感。这两个方面，主要是在修容的过程中，通过明暗和深浅，高光和阴影以及腮红来实现。

从化妆的角度上来说，对脸型的修饰不可能从根本上改变脸型，只能通过人的视觉差来调整和改变其感受形态。因此修饰的原则就是：要遵循自然和适度的原则，不能也不可能随心所欲地大修大改。要把握好一个尺度，做不到的不能强求。面部修饰的技巧和要点就是隐蔽、适度。修饰痕迹不能过于明显，找到关键的部位进行修饰和塑造，力图以最小的改动来达到最好的效果。这些地方就是前面所分析到的脸部的几个结构部位。需要注意的是，修容不能把脸“画花了”，在脸上形成一块块的深浅颜色。

第五节　表现脸部结构感和调整脸型的方法

一、脸部的明暗分布

脸部的高光和暗影，是脸部结构表现的一个主要的方法，也是修正脸型的主要方法。骨点突出的地方，往往也是脸部高光体现的地方，凹陷的部位，往往表现为暗影。结构的体现，就是通过亮部和暗影表现出来。（图6-5-1）

通过明暗来表现结构的方法，可以在打粉底的阶段用不同深浅的粉底加以表现，也可以在修容的阶段也通过修容棒或修容饼的色差加以表现，在打腮红的时候也可以用腮红加以表现。以上三种方法可以叠加运用，实践证明用暗影和腮红共同来表现会得到更好的效果，因为色彩可以掩盖过重的暗影痕迹。比如在画颧影的地方，用腮红来掩饰过重的颧影沟的暗影，就能够得到较好的效果。在这个过程中要掌控好明暗和色彩的力度，本着隐蔽、适度的原则来进行操作。

对于上述的各方面，要根据具体情况灵活运用，不能机械地照搬套用，根据情况选择取舍，掌握好尺度。比如额头不宽的人就没有必要强调颞线；而额头比较突出的人也没有必要提亮额头；骨感比较强的脸也没有必要画出深重的颧影；下颌本来就很尖的人更没有必要提亮下颌隆突。并且各部位修饰的深浅与轻重一定要掌握好分寸，这些都需要进行大量的练习才能够掌握好。这个方面除了现有的技法外，也可以大胆尝试更多的方法来进行。

二、脸上几个主要结构部位的表现

（1）关于额头的表现

额头高光，需要根据人的额头特点来决定怎样打，额头平而宽阔的，可通过颞线阴影来改变，并在额头中间通过高光来突出；额头窄并且突出的，就不太适合打颞线阴影和中部高光提亮，这样会显得额头更圆、更突出。由于眉弓头的特点，眉间提亮却普遍适用于大多数人。

（2）关于颞线与眉骨粗隆及颧骨的结构表现

这个地方实际上大部分是眼影的部位，从这里应当认识到为什么眼影要在这里画，是因为建立在这个部位结构表现的原理上。眼影实际上就是眼睛这个部位的暗影，它与眉骨突隆和眶下缘两处的高光相互呼应，形成了太阳穴、外眼角和颧骨部位的完美结构。要注意的是眉骨粗隆处的高光不是每个人都有，只有眼眉斜跨在眉骨生长的人才有，西方人和骨感强的人比较多，眼眉顺着眉骨生长的或下垂的没有。这个方面将在眉眼的相关章节更深入地讲解。

（3）关于眉弓头与鼻梁处的结构表现

这个地方是眼部内眼角处的结构，通常的做法是提亮鼻梁和两个眉头，与鼻侧影和眉头底影形成明暗交替的立体感。

（4）关于颧骨与下颌骨的结构表现

这个地方最主要的就是颧影沟的表现，结合上边的眶下缘处的高光，能够表现出脸部这个最大的、最重要的、最美丽的结构。下颌角处也是亮部，一般来说不需要提亮，因为打上颧影后这个地方自然就显得亮了起来。

要注意的是眶下缘处和内眼角处有两个小的高光点，这两个高光点会使得眼部的结构更加精致。并且眶下缘这个高光点的位置，能够调整颧骨的位置和形态，从而改变脸型。（见图8-2-2至图8-2-5）

（5）关于下颌的结构表现

下颌是脸型美观最重要的地方，通过下颌的提亮和高光点，配合两侧的暗影，能够很好地表现下颌的形态。是尖下颌还是宽下颌，要根据情况来确定。

修容是个很精细的技术，通过脸部的明暗和高光能很好地改善脸型。基本的规律是明暗相间。修

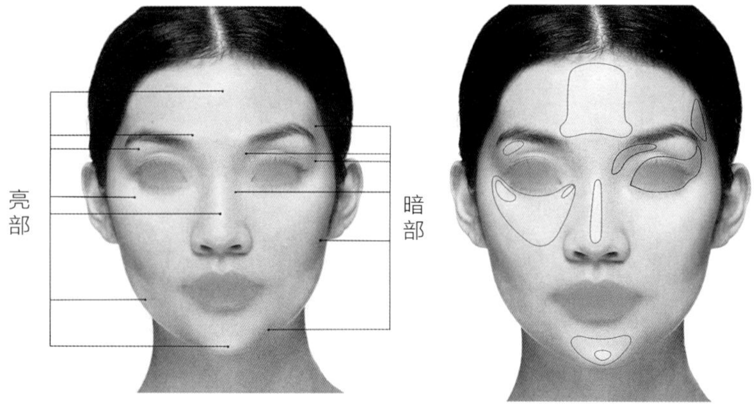

图6-5-1　脸部的明暗分布

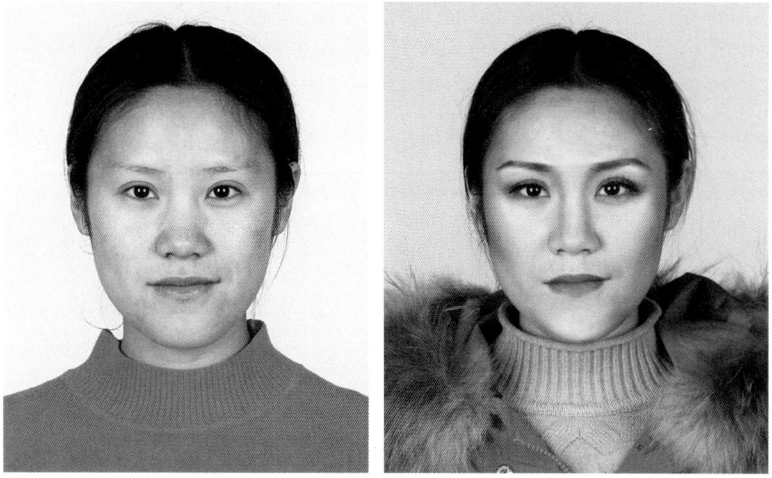

图6-5-2　妆前与妆后（模特：张佳琪）

容的时候不能机械套用，而要根据对脸型的分析和表现的需要灵活掌握。

本章内容深入地分析了脸型和各个部位的结构和形态美感规律，一方面是为了深入了解修容的原理和方法，塑造和表现出结构突出的美好脸型，更重要的是能够帮助我们深入地观察和分析人的脸部特点，发掘出潜在的美感因素，并通过脸型掌握主要的性格特征，进而为进一步的化妆打下基础。

实例：

观察图6-5-2对比妆前和妆后脸型各部位的修饰和结构感的表现：

这个同学脸型是目字形的，其脸型特点较圆也比较平，因此结构感比较弱，所以在脸型的塑造上分别从内眼角和外眼角处、颧影处、鼻梁处以及下颌处强调结构的表现。由于这个同学是细长脸，不宜把下颌表现得过于尖削，因此没有打下颌高光。通过对下颌与颧影的修饰，突出下颌部位的结构，削弱过“圆”的感觉，增强这个部位的立体感，从而增强脸型的结构美感，并配合五官的表现突出些棱角感以彰显个性。额头处没有过于强调颞线处的结构，不然的话会使得脸型显得更狭长。

本章重点

1. 脸部的骨点。
2. 决定脸型美感的根本性因素和决定性因素。
3. 脸型的结构美。
4. 脸型结构的光影表现规律。

思考题

1. 应当掌握的脸部骨点有哪些?
2. 如何从根本形态和修正形态两个方面来理解脸型美感的根本性因素和决定性因素?
3. 体现脸部结构美的地方都有哪些地方?
4. 人的美除了比例和轮廓形态的美感，还有哪两个方面的美感?
5. 简述脸部光影明暗分布的规律。

实践训练与要点提示

1. 用手机拍下不同脸型人的头像，分析脸部各个部位的结构和轮廓形态，找出美的和不美的地方，并提出修容的建议。
   提示：这是个积累素材的活动，不应当仅限于一两次这样的活动，而要成为一种常态。
2. 颧骨的内外拉伸和上下位置调整。
   提示：在修容的阶段，通过确定颧骨处高光点的位置，来达到改变脸型的目的。
3. 练习颧骨与下颌角结构的（颧影）表现。
   提示：通过粉底、修容、腮红三个方面来分别进行练习和综合性练习，要注意不同脸型颧影沟的不同形状。
4. 练习眼部的立体结构塑造。
   提示：内眼角与印堂的结构感塑造和外眼角与颞线和眉骨突隆的结构感塑造。
5. 练习下颌形态的修正。
   提示：修正下颌隆突的形态（表现尖下颌）和纠正脸型的不对称。
6. 专项练习骨感美的表现技法。
   提示：要找脸型比较圆润的（不能过于胖的）模特来练习，从脸部几个关键的结构部位来进行整体塑造表现脸部结构，要分清主次，抓住重点部位。

第七章

眼眉的形态分析与表现

第一节 眼眉的生理结构与生长规律

一、眼眉的生理作用与生长机理

1. 眼眉的生理作用

眼眉的生理作用是保护眼睛，它与眼睫毛能够起到顺流汗水和阻挡灰尘进入眼睛的作用（见图7-1-1）。眼眉与眼睛是生理上的伴生关系，因此一定要与眼睛共同来理解它的形态和它们之间的关系。这种关系表现为：除了眼眉本身的形态有着不同的美感和明显的性格特征外，它与眼睛的组合形态，更能够表现出不同的美感和性格特征。

同一种眼眉，与眼睛不同的组合形态，表现出的性格特征有着明显的差异。因此，对眼眉的研究，一方面要研究眼眉本身的形态，同时还要研究它与眼睛的共同表现规律，才能使得脸上这个化妆最为重要的部位，得到完美的表现。图7-1-2是影响眼眉与眼睛部位的几个骨点。

在化妆中，眼眉是一个能够给化妆师最大塑造空间的地方。在一些特殊的情况下和在某些专业领域里，它完全可以根据人物的需要进行重新塑造，以表现不同的人物形象。

在生活中，眼眉也是表现一个人性格、心理、表情、气质等方面最重要的地方。眉飞色舞、柳眉倒竖、眉开眼笑、眉头紧锁、扬眉吐气等，都是从眼眉的形态方面来形容人的情绪、性格、心境等方面的状态，因此对眼眉的把握，在表现人的精神、

图7-1-1 眼眉

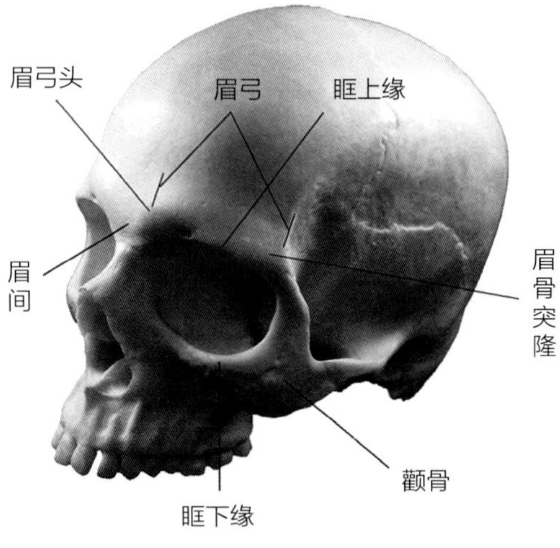

图7-1-2 骨点示意图

性格和气质等方面，是非常重要的。

眼睛虽然是“心灵的窗户”，但从化妆的角度来说，眼眉的重要性往往要超过眼睛，因为眼眉的可塑性要比眼睛大。一个人仅仅通过对眼眉的描画，就能够很大程度地增添不同的美感和表现不同的性格特征，因此对眼眉进行深入的分析和研究，掌握眼眉的形态规律和表现方法，是化妆中一个十分重要的内容。

眼眉一般是斜跨在眉弓骨上生长的（见图7-1-3）。眉头长在眉弓头偏下的地方，眉尾长在眉骨突隆的上方。相比眉弓头来说眉骨突隆形态更大一些，因此在眉尾的下方眉骨突隆的形态一般比较明显。脸部结构感比较强的人在这个部位往往有一个高光点。有时候眉骨比较突出的人在眉头上方，也就是眉弓头的地方也会有一个小的高光点。这两个地方也是表现眼部结构的重要部位，这一点西方人比较突出，东方人很多人表现得不太明显。还有一些人眼眉不是斜跨在眉弓上生长，而是顺着眉弓生长，这样往往就没有眉骨突隆处的高光点，眼部的高光点出现在了上眼睑的中部。这样的人脸部结构感往往不强，在眼影方面也不适合画倒钩眼影。

眼眉，是人的情绪和性格非常重要的表现部位。眉头部位微小的变化，都能够及时而准确地表达出人情绪的改变，而眉尾部位则更多地表现一个人的性格特征。眉头的动态特点比较灵活，情绪表现及时而敏锐；眉尾相对眉头稳定一些，性格特征更为突出。

一个化妆师，要理解眼眉与眼睛的生理关系和形态上的相互联系，同时还要具有熟练地画出各种不同美感和性格特征眼眉的能力，从而能够准确生动地塑造不同的人物形象。

2. 眼眉的生长结构

眼眉的生长形态，呈现一个立体的结构，表现在：眉头的毛是向上生长并逐渐向后倾斜，眉尾的毛是向下生长并逐渐加长。这种结构，有利于起到阻挡和顺流汗水的作用。在眼眉的中后部，向上生长的毛和向下生长的毛在眼眉中间形成了对向交叉，像山的山脊一样，形成了眼眉中间一条最高、最深的一条线，叫做眉脊或眉脊线。标准的眼眉如果纵向剖开截面是三角形的，因此眼眉是一个立体的结构而不是一个平面的图形。画眼眉，首先应当避免的就是把眼眉看作为一个平面图形，要有一个立体的意识。

为了便于学习和能够画出生动、立体的眼眉，我们把眼眉的结构和形态分成以下几个要素部位来进行研究：

眉头—眉腰—眉尾—眉峰—眉脊—眉底线（图7-1-4）：

一个完美的眼眉，应当是上述各个要素的综合表现。这些要素，又各自有多种不同的形态。把各个部位不同的要素形态组合到一起，就能够帮助我们画出各种形态的眼眉。

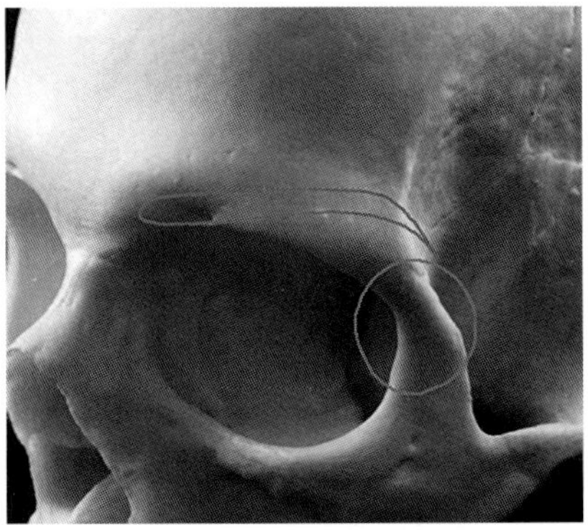
图7-1-3　眼眉与骨骼的关系示意图

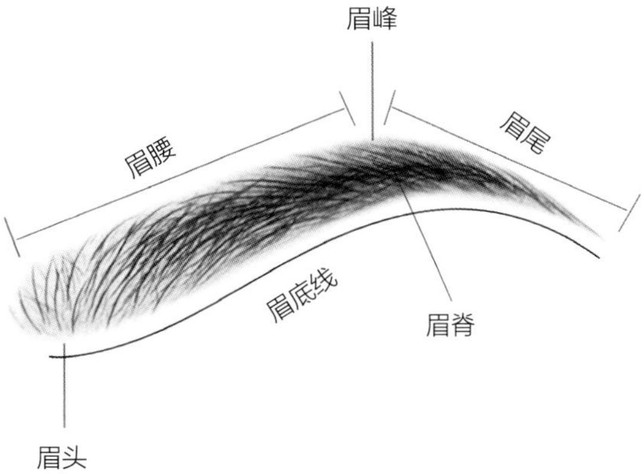

图7-1-4　眼眉的形态要素

二、眼眉的形态要素分析

1. 眉头的形态

眉头是眼眉生长的起点，眉毛的生长特点是分布得比较分散，因此眉头体现着发散发虚的特点。由于眉头的这个特点，现实生活中很多人眉头的真实形态并不是很明确，往往处于一种比较虚散的状态。甚至有一些人的眉头处于一种散乱无序的状态。虽然这种状态形体上并不美观，但却是眼眉形态真实感的一个特征，因此比较虚的眉头是表现眼眉真实、自然的一个要点。见图7-1-5。

由于各种妆面的需要，眉头的虚实要根据整体的妆面来进行选择。特别是比较重的妆面，这时候就必须给眉头一个明确的形态。并且眉头的形态也是一个表现不同美感和性格的重要地方。

眉头有多种形态表现形式。为了便于对性格特征的掌握，这里从方和圆的角度对眉头进行分类。分为：方的（图7-1-6）、圆的（图7-1-7）、方圆结合的（图7-1-8）、尖的（图7-1-9）四种。

不同的眉头有着不同的美感和性格特征。方的眉头显得庄重，尖的显得凌厉，如果再画得重一些、实一些，这种庄重、凌厉感和强势感就会更突出。相反，圆的眉头就显得柔和些，如果再画得虚一些和浅一些，就会更加突出这种柔的感觉。在这些眉头形态中，有一些眉头形态戏剧化的效果比较突出，它的变形在创意妆、舞台妆中应用较多。

人们在形容人的面相和神态时往往说："眉宇间透露着……"，这里的"眉宇"指的就是两个眉头之间的形态。所以说眉头对人的表情、神态、性格、气质都有很大的作用。

这里的几种眉头形态，仅仅是作为分析和掌握不同美感和性格特征的一种参照和提示。在实际化妆中，上述每一种形态都可以有多种变形。眉头的形态多样，要根据需要和各个方面的因素来确定最终的形态。这一过程，始终要掌控好不同形态眉头的美感和性格特征的表现。后面的章节关于眼眉各个部位的形态分析也要始终用这种意识来进行掌握。

2. 眉尾的形态

眉尾相比眉头形态更为多样。除了方圆的区别外，还有下弯的、上挑的、平的、回勾的等（见图7-1-10）。

眉尾的方与圆，更多地表现在眉峰和眉尾的棱角感和尖锐度以及方向这三个方面上。眉尾的尖锐度比较好理解，细而尖的和圆而钝的形态感受截然不同（见图7-1-11）；棱角感主要表现在眉峰的转折上，圆的眉峰和呈棱角状转折的眉峰，直接影响眉尾的形态表现；眉尾的方向这个问题就涉及与眼睛的组合形态的表现，要结合后面的章节来认识和掌握。

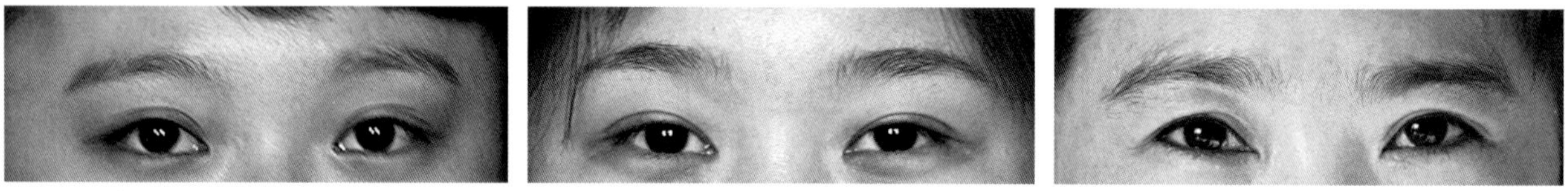

图7-1-5　自然的眼眉眉头

图7-1-6　方眉头

图7-1-7　圆眉头

图7-1-8　方圆结合的眉头

图7-1-9　尖眉头

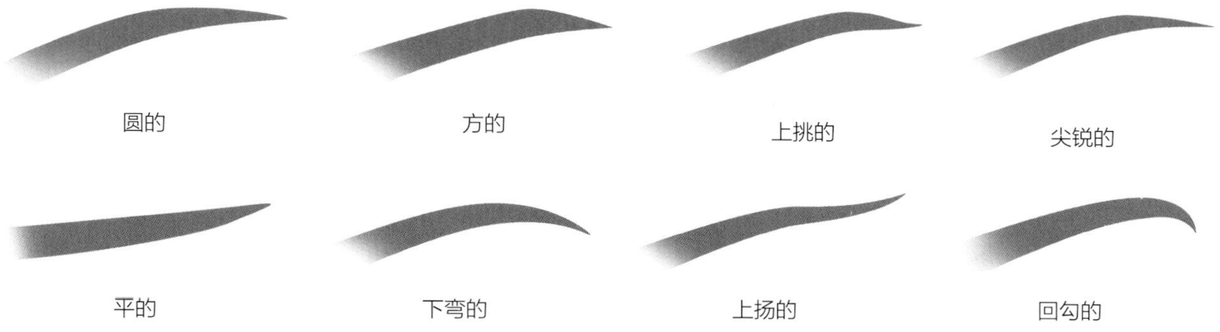

图7-1-10　各种眉尾形态

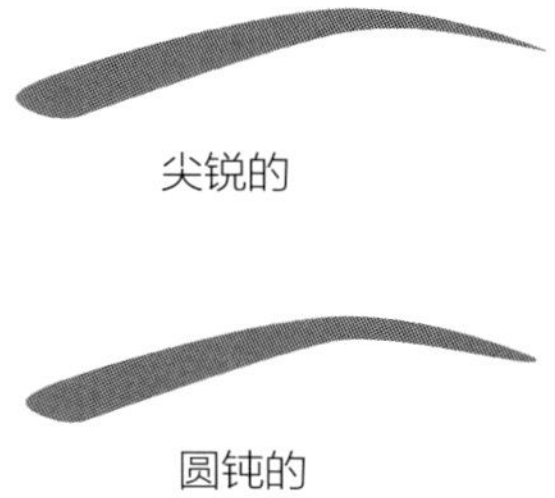

图7-1-11　不同的眉峰和眉尾

图7-1-12　眉峰位置的差异

眉尾的方向表现在：顺着眼睛向下弯曲的，就显得自然随和，柔和的感受比较明显；如果背离眼睛向上扬的，给人的感受就是张扬、凌厉的感觉，如果再上挑，桀骜不驯的性格特征就十分强烈。而处于上述两种形态之间的形态种类众多，表现的美感和性格特征也非常丰富。因此关注眼眉的走向是表现性格特征的一个十分重要的方面。

眉尾，体现的是眼眉生长的去向，具有方向明确，去向清晰的特点，因此眉尾总体的形态特点是清晰而明确，是眼眉整体形态中最实的部分。并且它对人物性格特征的表现十分突出和明显。当然并不是所有的眼眉这个地方都要画得很实，要根据需要来选择。清晰的眉尾，表现出果断、利落、干练、强势的性格特征；相反，比较虚的不是很尖锐的眉尾，所表现出来的感觉就与之相反。不同的眉尾再与眼眉各部位不同要素形态的结合，就能够表现出各种不同的美感和性格特征。

3. 眉峰的形态

（1）眉峰的转折位置

眉峰转折的位置影响眼眉的方圆感。转折的位置越往后，眼眉方或棱角的感觉就越强。图7-1-12是同一个眉形由于眉峰位置不断后移形成的不同眉形。

眉峰的转折位置，一般来说是与颞线的位置有着生理上的联系，并且颞线的转折位置影响着眼眉从不同角度观看的形态。比如本来从正面看是平直的眉，从侧面看过去，由于额头颞线的转折就会变得弯了，弯的眼眉就会显得更加弯曲，见图7-1-13。因此在确定眉峰的位置时，要观察颞线的位置。有的人颞线转折位置明确，这时候眉峰的位置选择受到一定的限制，有的人颞线转折平缓，这时候眉峰位置的选择就较为宽泛。一般来说一个人自然的眉峰位置也不要轻易改变，因为它是眉尾去向的起点，是眼眉走向具体的标志，也反映人原本的性格特征。

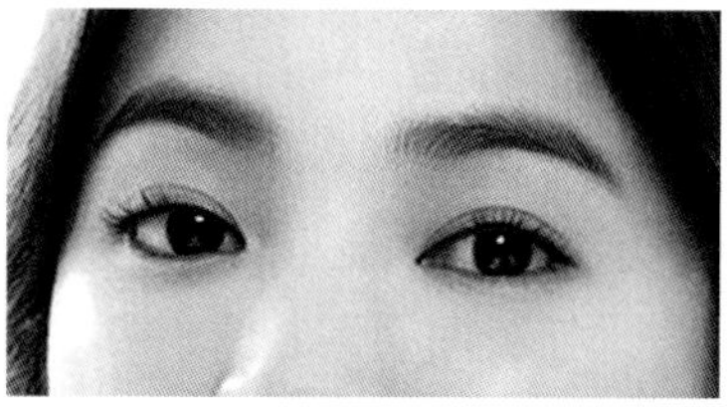

图7-1-13　角度改变对眉形的影响

（2）眉峰的形态

眉峰的三种形态：圆的、棱角的、平的（图7-1-14）。

所谓圆的眉峰实际上是一种在一个范围内不确定的状态。而位置非常明确的就是有棱角的。平的就是没有眉峰，比如一字眉。准确来说眉峰实际上没有形，它只是一种位置状态，是眉腰与眉尾的转折点。所谓眉峰的形，实际上就是眉腰与眉尾两条线的交叉结合形态。这里之所以把它分为三种形，是为了形态研究的方便。因此美感和性格的表现重点在眉腰与眉尾两个地方，所以要注重这两个地方的形态和它们的结合形态。

4. 眉腰的形态

眉腰是指眉头到眉峰的一段。可分为上弯形的、直的、下弯形的三种形态。眉腰微小的变化都体现着比较强的性格特征。如果与不同的眉头和眉尾组合，就形成性格特征丰富而多样的形态。这个方面要进行大量的手绘练习，来掌握不同的眼眉形态感受。

观察图7-1-15，是同一种眉形由于眉腰的三种变化而产生的美感和性格特征的变化。

5. 眉底线的形态

眉底线，是眼眉下缘从眉头延续到眉尾的一条流畅的曲线。它能够准确地反映眼眉的整体动势形态，表现出不同的美感和鲜明的性格特征，是判断和掌握眼眉的总体表现形态的一个直观的地方。

眉底线的形态变化及性格特征：

眉底线的表现规律是：大多数的眼眉只有一个弯，或者说呈现一个弧形（图7-1-16）。而且这个弧形看似简单，但其形态变化极为微妙，形态多样，内涵表现丰富。形态要点包括弯的弧度的大小和弯的转折位置两个方面。如果出现两个弯就表现出更明显的性格特征。比如在眉尾处轻微的上挑（图7-1-17）和眉头处的变化（图7-1-18），人物的性格特征就开始改变。出现三个弯，眼眉的形态就是那种飞扬跋扈的性格特征（图7-1-19）。如果再与不同的眉头形态组合，就能够表现出非常丰富的性格特征。下面进行详细的对比分析，要注意感受不同形态所呈现出来的不同美感和性格特征。

（1）一个弯的

眉峰位置相同，弯度由小到大的眉形比较：（图7-1-20）

眉峰位置不同，弯度大小相同的眉形比较：眉峰越靠后棱角感越强。（图7-1-21）

（2）两个弯的

眉峰转折位置不同，眉尾上挑和下垂的眉形对比：（图7-1-22）（图7-1-23）

一般来说上挑的狐媚、刁钻，富于心机；下垂的妖艳、魅惑，迷惑人心。

圆的　　棱角的　　平的

图7-1-14　不同形态的眉峰

上弯的　　直的　　下弯的

图7-1-15　不同的眉腰

图7-1-16　弧形眉底线

图7-1-17　两个弯眉尖上挑

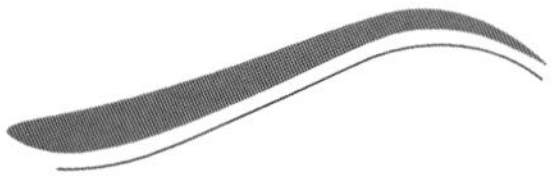

图7-1-18　两个弯眉尖下垂

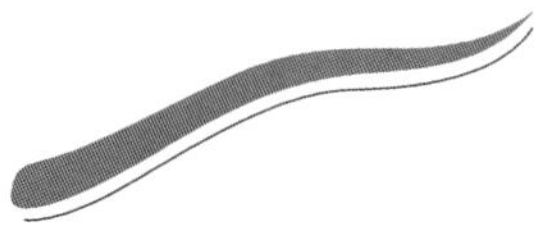

图7-1-19　三个弯的眉底线

图7-1-20　眉峰位置相同弯度递增

图7-1-21　眉峰位置渐次后移

图7-1-22　眉尾上挑的

图7-1-23　眉尾下垂的

（3）三个弯的

这是一种非常态的眉形。在现实生活中没有或极少有这样的眼眉形态，但是这种形态却有着强烈的性格特征。在创意造型、影视造型中富有表现力。同时它也能够为眼眉形态的理解提供对比和参考。图7-1-24的眉形给人的感觉是：专横跋扈，躁动不安。

6. 眉脊线的形态和作用

完整的眉脊线贯穿于整个眼眉之中，两侧的眉毛都向着它而生长，眉脊线就像是眼眉的骨骼一样，决定着眼眉的位置和眼眉的走向。见图7-1-25。

眉脊线是眼眉的真实走向，能够起到眼眉定位的作用。它所表现出来的眼眉位置和走向精准、具体、真实。在前面第二章中介绍的眼眉的两笔法画法，实际上是从眉脊线这个眼眉的结构角度来进行的。用两笔首先画出眼眉的眉脊线，就确定了眼眉的主干位置和走向，也就确定了眼眉的主干形态，然后再拓展眉头和眉尾就能够很好地掌控眼眉的整体形态，并能够很好地掌握眼眉各个部位的虚实和深浅。因此这种画眼眉的方法，能够更准确、更生动地表现眼眉的美感和性格特征。

先画出眼眉的外框，然后再涂满整个眉形的画法在初学者中很普遍。我们做过统计，采用这种画法的同学百分之九十多的人画出的眼眉是一个平面，假眼眉的感觉比较强。究其原因就是这种画法的出发点是从眼眉的外形出发而不是从眼眉的生长结构出发所导致。在这种画法中，即使很努力地避免这个问题，最终的效果也是差强人意，因为这种画法一开始就已经框死了眉形，不利于眼眉真实结构的表现。

眉脊线不仅是画眼眉的重要参照物，同时它还是眼眉立体结构的一个重要的表现要素，对于表现生动而真实的眼眉有着十分重要的作用。

在实际生活中，人们眼眉的眉脊线生长情况比较复杂，有的完整清晰，有的不是很明确，还有的凌乱模糊。不管什么情况都要努力找出眉脊线，并且在画眉的时候注意表现眉脊线的形态，眼眉就能够达到自然、真实、生动的效果。

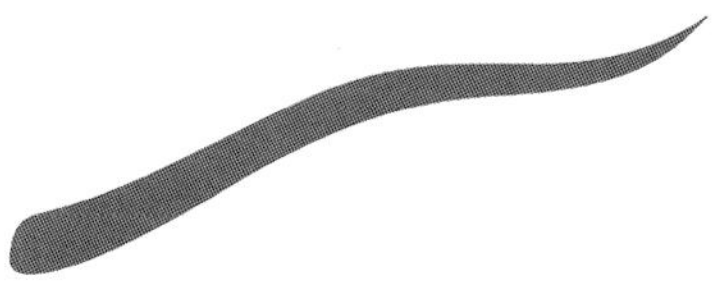

图7-1-24

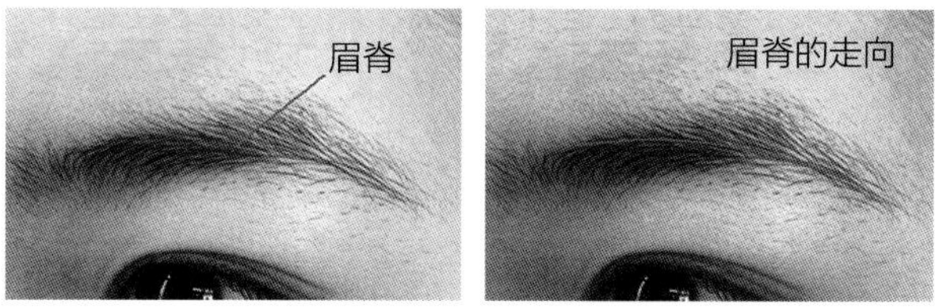

图7-1-25

三、眼眉的不同形态要素的组合，形成各种不同美感和性格特征的眉形

上面对于眼眉各个要素部位进行的深入分析，目的是深刻地感受不同眉形的美感和性格特征，最终帮助我们画出需要的各种眼眉。把以上眼眉的各个要素部位相互组合，就能够形成各种形态的眼眉。在这个方面，每一个人都应当作大量的练习，达到能够随心所欲地画出任意一种想要表达的眼眉的程度，并努力去感受每种眉形细微的差别，以及它们所反映出来的不同美感和性格、气质特征。

上述归纳出的关于眼眉各个部位的形态要素，在真实的人中存在着多种情况。除了眼眉形态上的好坏，还存在眼眉要素的完整与不完整的现象。有的人眼眉各要素部位完整，这种情况需要做的只是修改眉形；有的人眼眉表现为某一要素的缺失，这就需要补充完善。眼眉形态表现不好的，通过修眉和描画，塑造出美丽的眉形；要素残缺的就要通过描画加以补充完善。

第二节　生动而富有性格特征的眼眉表现

一、画眉的基本原则

一个人天生的眼眉形态，一定有其性格和心理、生理方面的因素，因此不要随意改变人先天的眼眉形态走向，是修眉的一个基本原则，尤其是生活妆。因为改变了它，就意味着改变了其性格表现，除非是有目的的改变。可能有的人眼眉存在后半部形态混乱，走向不明确等现象，但是通过参差不齐，若隐若现的毛发根部，还是能够找到的。找出眼眉先天的形态走向，是判断性格特征的一个非常有用的方法，也是修饰眼眉的依据。

不要按自己的喜好来修改眉形，是画眼眉的第二个原则。喜欢一字眉，就千人一面地都画成一字眉，不管适合不适合，不管对方喜欢不喜欢，以主观自我为中心，是化妆的大忌。

二、生动眼眉的表现要点

1. 眼眉的虚实

眼眉的虚实和深浅对于眼眉的真实感和生动感的表现是，两个非常重要的方面。眼眉眉头部位大都是虚的，其他部位的虚实表现不一，分布特点见图7-2-1。

生活中一个人的眼眉即使各个要素都完整，形态和虚实表现上也不一定很完美。因此化妆师的工作就是首先通过修形，来把眉形确定好，然后还要通过虚实深浅的掌握，表现出生动完美，富有表现力的眼眉。

眼眉的虚实，并非所有的人都要按这个标准来画，应当根据具体情况和需要来灵活掌握。比如要表现一个温婉贤惠的或者柔弱的人物形象，不妨总体上将眼眉都画得虚一些；若是一个干练个性强烈的形象，整体上就要都画得实一些。不能机械性地把前面讲到的所有要素都刻板地照搬过来。

图7-2-2和图7-2-3是方圆和实虚两种不同美感和性格的眼眉对比。图7-2-3完全是用眉扫扫出来的柔和眉形。

眼眉的虚实还能够表现眼部的结构。如图7-2-4，眉底线眉头处的虚与眉尾处的实对比，明显反映出眉头下部的凹陷和眉骨突隆处的隆起结构。在这里能够进一步理解眼眉是斜跨在眉弓骨上生长的结构特点，因此要始终明白人脸上各个地方的表现形态的成因和原理，才能够把各种化妆技法应用到极致。

图7-2-1　眼眉的虚实

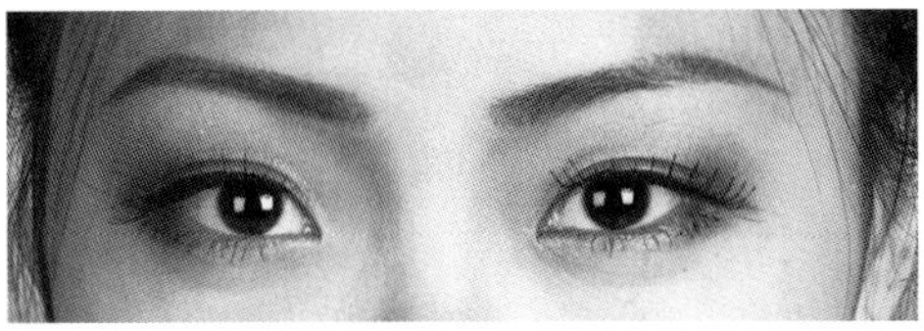
图7-2-2

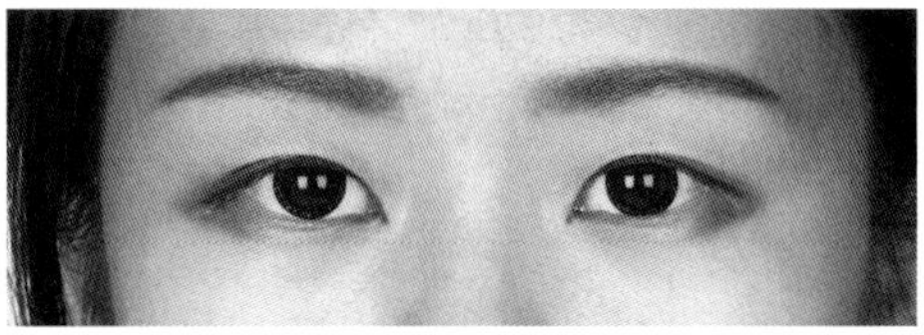
图7-2-3

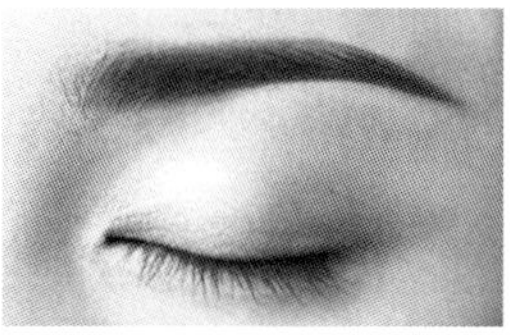
图7-2-4

图7-2-5

图7-2-6

图7-2-7

图7-2-8

2. 眼眉的深浅

这个问题包括两个方面：一个是眼眉本身各个部位深浅的不同；另一个是眼眉整体的浓淡状态。

从眼眉本身来说，眉腰的部分，是向上生长的毛和向下生长的毛交叉重叠最多的地方，因此眉腰中间的部分往往是眼眉最深的地方，这个地方也是眉脊形成的主要之处。要注意的是，这个地方是沿着眉脊的走向最深，而不是眉腰部位整段都是深的。就是说要把眉腰部分的眉脊线画深。另外，眼眉是斜跨在眉骨上生长的，这个部位也是处在眉弓的下缘，由于自然界中光线从上往下照射的作用，也使得这个部位常常处于阴影中，因此也使得这个部位比其他部位要深一些。特别是眉骨比较突出的人，这个部位表现更为明显。

从眼眉的整体形态上来说，眼眉与头发的关系，也存在深浅与色彩的协调关系。头发颜色浅而偏黄，画出黑而重的眼眉就会显得十分不自然、不协调。因此眼眉整体的深浅要与头发和其他周边因素来整体考虑。孤立的眼眉在一个人的脸上会显得非常的不自然、不协调、不美观。只把眉形画好不是一个成熟的化妆师的做法，更不是一个专业化妆师的能力体现，但又是很多学习者最容易犯的错误。

3. 眼眉的方与圆

眼眉虽然形态万千，但如果从形态感受上来说也可以分为方和圆两大类。所谓方的就是指棱角感比较强的，圆的就是指没有棱角感的。

图7-2-6和7-2-8是图7-2-5和7-2-7两种眼眉的眉腰和眉尾都改为直线后变成的眉形，眉峰呈棱角状，整个眼眉形态棱角感较强。仔细对比观察，感受不同的美感和性格表现特征。方的形态表现清晰明确，干脆利落；圆的则是体现为圆润的弧线，整个眉形柔和流畅。

4. 眼眉的长短与粗细

眼眉的长短和粗细，也直接影响着眼眉的形态感受，并且也要与整体妆面协调来表现。短的、粗的形态偏硬；长的、细的偏软，并且优美的眼眉形态往往都是比较长的，干练果断的性格特征则是短的、粗的、重的。

5. 眼眉的方圆结合表现形态

男性和女性眼眉的区别主要在于两个方面：眼眉各个地方都表现为方的和直的，往往是男性的眼眉特征；另一个重要的区别是男性的眼眉表现为眉头细而眉尾部位粗。女性的恰恰相反，大都表现为眉头粗眉尾细。在女性的脸上，凡是眉头细而眉尾部分粗的眼眉，都有男性化的特征，在美感上都不会超过眉头粗眉尾细的眼眉形态。这一点可以在生活中观察到，特别是在一些公众人物的相貌上能够得到验证。

女性的眼眉即使刚毅的性格，也往往是直与角的形态中包含一定的弧度。较少全部是方的、直的、尖的。如前所述，即使飞扬跋扈的性格也是通过几个弧形来表现。因此女性的眼眉大都是方圆结合的形态。由于眼眉天生的形态是弯的，所以一字眉也属于方的感觉较强的类型。

6. 眼眉的位置

同样的眉形，在脸上不同的位置所表现出来的美感和性格特征也有很大的不同。比如同一种眉形，眉头低垂眉尾上扬的；与眼睛平行生长的；眉

图7-2-9　眼眉表现出的不同性格

图7-2-10　一字眉

头高而眉尾下垂的，这三种位置形态就分别表现出凌厉、平和、忧郁等不同的性格特征（见图7-2-9）。这个问题要结合后面眼眉与眼睛组合形态的章节来学习。

7. 眼眉的肌理与立体感表现

眼眉的肌理就是指眼眉中毛的纹理。这个方面是真实生动眼眉表现的另一个要素。因此修眉的时候，对于能够保留的眉毛尽量保留，没有毛的地方如果平面特征过于明显，也要画出一些毛的纹理或深浅。

8. 关于一字眉

一字眉是当今很受欢迎的眉形，特别是在年轻的人群中。因为一字眉是一种比较有个性的眼眉，属于方的一种。通过眼眉各个部位方圆等细微的差别，能够表现出非常丰富的不同美感和性格特征。掌握好方圆、长短、粗细、曲直和棱角，以及浓淡和虚实，就能够画出丰富而富有表现力的一字眉。

我们把眼眉的眉底线或上边缘线以及眉脊线三个方面中有一条是直线的眼眉，都称作一字眉（见图7-2-10）。由于人的眼眉生长机理要求是顺向眼睛弯曲的，因此一字眉在人的脸上就显得比较硬性，有干练、凌厉的感觉，比较有个性。这也是一字眉，在现今这个个性张扬时代受到欢迎的原因。

一字眉看似简单，实际上它的形态非常丰富，美感表现也极为微妙、多样。其变化主要体现在眉峰和眉尾部分，通过长短、肌理、深浅、虚实等不同形态要素的表现，形成非常丰富的表现形态。

三、眼眉与脸型的协调和性格表现规律

眼眉的形态表现极为精细而敏感，富有表现力。极其微小的变化都能够反映出不同的美感和性格特征以及气质方面的差异。前面讲过，脸型是一个人美感和性格的根本性因素，所以，不同的眼眉和脸型的搭配，能够更全面地表现出一个人特有的美感和性格特征。这里要弄明白的问题是：什么样的脸型搭配什么样的眉形；它们是只有一种搭配选择，还是有多种搭配方法；搭配的依据和规律是什么。

为了更好地理解和掌握眼眉与脸型搭配的方法与规律，我们找到一个最常用的例子，见图7-2-11：

应当说以上的搭配建议都是比较恰当的，但是这里却提出了几个问题：除了这几种搭配，还有没有其他的搭配？不同的搭配表现出来的美感和性格特征是什么？最重要的是眉形与脸型搭配的依据和规律又是什么？

很显然，上面仅仅是很有限的几种搭配方法。除此之外还有很多种搭配，并且能够表现出更多不同的美感和性格特征。找不到搭配的依据和规律就只能死记硬背，不能灵活运用，更不能恰当而准确地表现出不同美感和性格特征。

那么这里搭配组合的依据和规律性的问题是什么呢？还是要从不同形体组合的对立与协调的美感表现方面来进行研究。我们把不同的形和形的组合搭配形态分为三类：形态组合完全对立的（完全不协调的）；完全不对立的（完全协调的）；体现不同程度的对立感和协调感的。

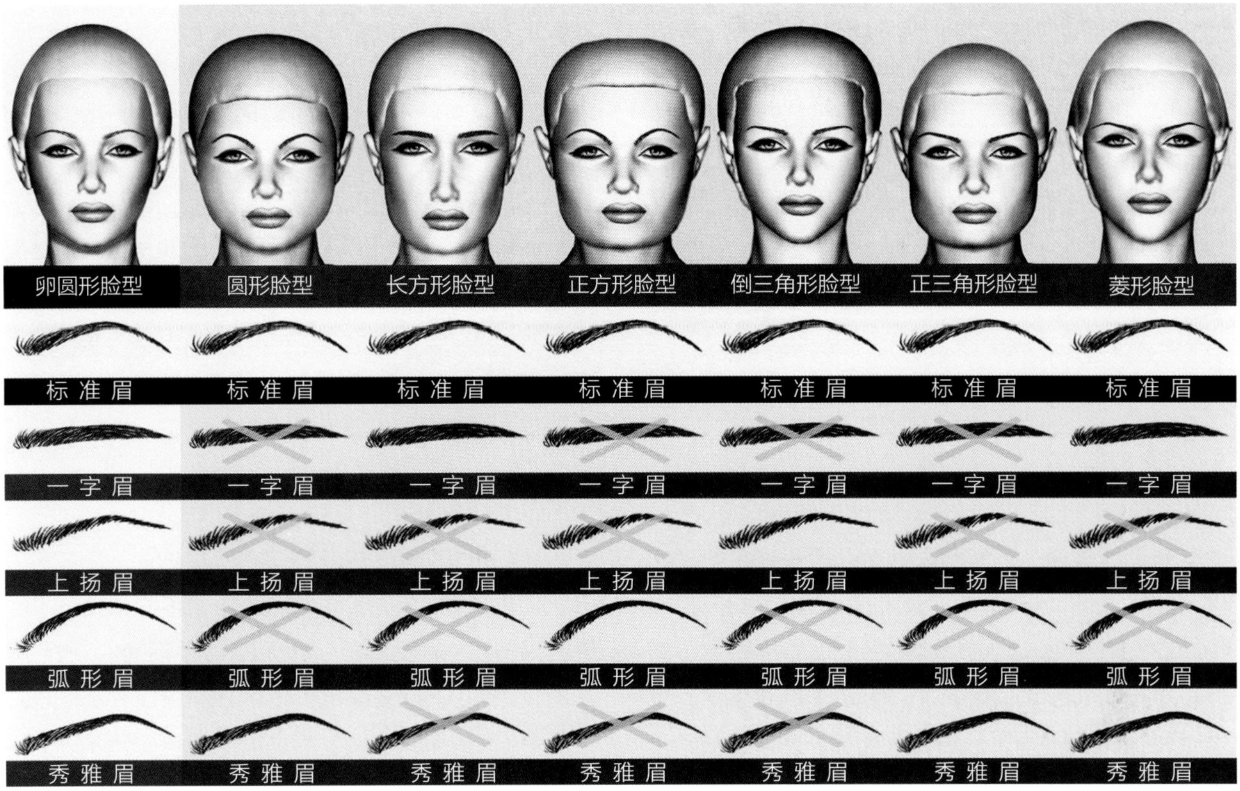

图7-2-11

1. 基本形的组合美感规律

前面讲到过，方和圆、直线和曲线是两种对立的形态，那么等量的方和圆组合到一起，就是一种完全的对立形态，是不协调的。所谓完全对立，就是互不相容，势均力敌。两种组合形态中你便是你，我便是我，没有任何交叉和融合点，因此形态上是完全不协调的。这里面的原理与色彩的互补色原理一样，红色中没有任何绿色的成分，而绿色中也没有任何红色的成分，是完全对立的，是互补的关系。为什么说是等量的，因为等量的才是势均力敌的，你死我活的极端。就像等量的补色混合一定是黑色一样。可是当其中一个方面开始占据优势，对立感就发生变化，就会向有优势的一方倾斜，完全对立感就被打破，形成了主从的关系，主要的方面就起到了引领的作用，次要的方面就变为了从属的地位。因此不同方圆、强弱的感受就存在于这种主从的关系中。

等量的方圆组合是一个极端，是完全对立的，不协调的，组合形态不统一、不美观；而如果完全是方的或圆的组合，又是另一个极端，它们完全没有对立感，形态完全统一，完全协调。这种完全的统一和协调，性格特征就会引向另一个极端，强的更强，弱的更弱。那么在这里，就应当能够理解和认识到眼眉与脸型组合的原理或规律是什么了。**这就是：在方圆中把握一个合适的尺度，这个尺度有两个方面：一个是形态上的协调美观；另一个是性格上的表现适度。**

比如，一个大方脸与棱角感强的眉形形态上能够协调，性格上也得到最大的强化；如果这个脸型配上很圆的眉形，美感和性格就完全不协调，会显得不伦不类；相反，一个很圆的脸型配上很凌厉的眼眉也会有格格不入的感觉，如果配上很圆的眉形就又是另一个极端，虽然形态上能够协调，但是也会有过于“圆”了的感觉，美感也会降低。古语道“过犹不及”，当某种形态强化到了极致，美感常常也会受到破坏，特别是在生物这种有机形态的表现中。因此眉形与脸型搭配的规律，就要在方与圆之间根据需要掌握一个恰当的分寸。

如果需要表现刚毅的坚强的，就要倾向于方，并通过掌控方圆的尺度来掌握不同程度的感受；同样，如果需要柔美的随和的，就要倾向于圆，同样也要掌握一个尺度来表现。

不仅是脸型和眉型是这样，其他五官的方圆形态，都应当共同来遵循这种不同的美感和性格的表现规律，从而表现出生动的不同美感和性格特征的妆容。

在生活中，一个人可以根据不同的场合环境等适当变换一下妆容的不同性格表现，会使人的容貌和气质充满活力和新鲜感，通过眼眉方圆形态的适当变化，是一个很有效的方法。

2. 怎样画出理想的眉形

画眉的具体步骤和方法每个人有各自的习惯，只要能够准确地画出想要表达的眉形就是好的方法。画眼眉外框的方法并不是不能用，只要自己顺手，能够保证画好就是好的。这里首要的是对于要表现的眼眉的认识和理解，包括整体的和局部细节的各个方面。要遵循的规律是从整体到局部的方法，首先确定大的方向性的表达意识，然后是局部的细节美感和性格的刻画。提倡从大到小的方法来描画，深入到局部各个细节的时候，也要不断回顾大的方面，以免画跑了。整体到局部，局部再到整体是掌握并准确表达理想眉形和掌控妆面表现的基本方法。

第三节　眼眉的整体形态与性格特征

本节对眼眉的整体性格特征进行概括性阐述，需要自己在学习和工作中不断加以理解、感悟和积累。

（1）平衡眉：平和、娴雅、善良、贤淑、端庄、安静；

（2）上挑眉：活跃、挑逗、凌厉、愤怒、妖艳、霸气；

（3）下垂眉：娇媚、柔美、沮丧、消沉、晦气、受气、滑稽、孱弱；

（4）长眉：优美、艳丽、安详、健康、温柔；

（5）短眉：干练、精明、活泼、男孩性的；

（6）粗眉：粗壮、豪气、英雄气概；

（7）细眉：美丽、娴雅、安静、纤弱、细腻、古典美；

（8）直眉：直率、严厉、干练、活跃、调皮、男孩气（上翘眉）；

（9）弯眉：活泼、俏皮、灵秀、漂亮；

（10）重眉：稳重、刚毅、健壮、男性化的、豪气等；

（11）浅眉：纤弱、小巧、活跃、柔的、女性化的等。

以上分类相互可以叠加组合，比如：长而直和长而弯的眉；短、粗且下垂的眉；长度适中而平的眉；细、长、弯而上挑的眉等，分别能够表达不同的美感和性格特征。

实例1

这个同学的脸型和五官属于比较“圆”的类型，尽管她自己非常喜欢一字眉，但最后经过比较，这种比较柔的眉形更适合她。妆容表现的是清纯柔和、小巧可爱型的。

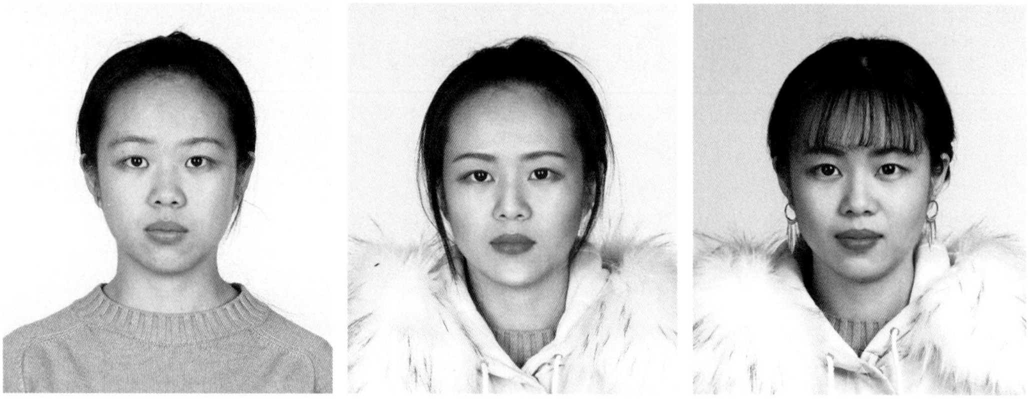

模特：王彤

实例2

这个同学的脸型属于棱角感比较明显的类型，曾经存在的困惑是怎么画眉形都不好看。经过分析和比对，最后选择这种眉形，并结合脸部结构感的塑造，表现的是时尚、个性、率真的形象。

模特：刘宏鸾

实例3

通过观察这个同学，她的脸型端庄方正，眼眉的走向也是属于那种随同眼睛自然生长的类型，脸部的结构和五官形态“圆”的特征比较明显，形态温和，因此适合表现端庄温和的人物形象。

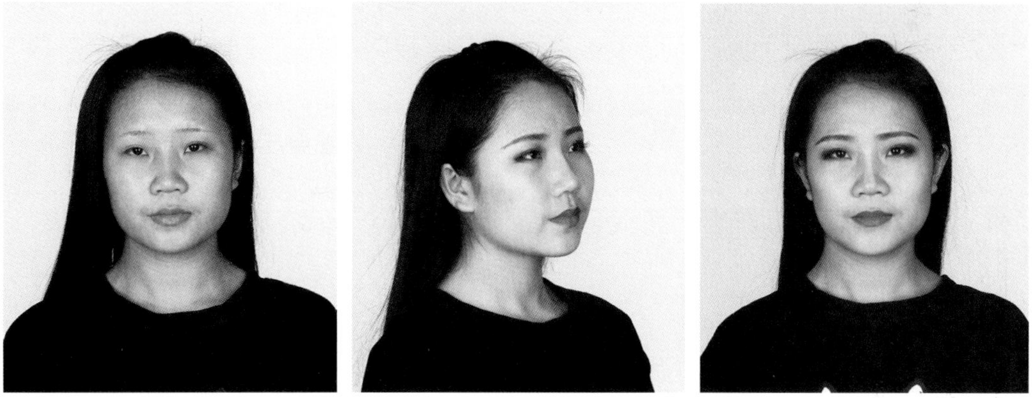

模特：李诗涵

本章重点

1. 眼眉的形态要素与要素组合。
2. 生动眼眉的表现要点。
3. 眼眉与脸型的协调规律。
4. 眼眉的形态与性格特征。

思考题

1. 眼眉的形态要素都有哪些，有什么作用，各个要素的形态表现特点是什么?
2. 什么是眉脊线，它在生理上和化妆中有什么作用?
3. 画眼眉的基本原则是什么?
4. 如何通过眉底线来掌握眼眉的形态和性格表现? 举例说明。
5. 眼眉的虚实和深浅规律有哪些?
6. 什么是眼眉的肌理，它在眼眉的生动感表现上有什么作用?
7. 眼眉的位置在性格的表现上有什么规律?
8. 一字眉的特征是什么?
9. 简述眼眉与脸型搭配的核心规律是什么?
10. 简述如何把握眼眉与脸型的不同美感和性格特征的表现。

实践训练与要点

1. 用铅笔在纸上充分地运用眼眉形态的各个要素，大量地画出各种美感和性格气质特征的眉形。

   提示：不仅要画出各种各样体现不同美感和性格特征的眉形，还要注意眼眉的方圆形态过渡的性格表现和虚实、深浅、肌理等要素的表现。

2. 选择不同脸型的模特，画出表现不同性格特征的眼眉。

   提示：运用练习1所掌握的技巧，在同一个人的脸上分别表现不同美感和性格特征的眼眉，并对比眉眼组合形成的美感和性格表现效果。

3. 从日妆的角度给自己或者模特化妆，重点表现真实生动的眼眉。

   提示：从眼眉的虚实、深浅等形态要素方面来表现。

4. 练习画出极具性格特征的戏剧性眉形，感受不同的极端性格特征表现。

   提示：这是一种极端的性格表现方式，对形态与性格的表现起到认识的作用。比如飞扬跋扈的、沮丧悲切的、愤怒狂躁的等。

第八章

眼睛的形态分析与修饰

第一节　眼睛的生理结构与形态分析

一、眼部的解剖结构

眼珠是一个球状体镶嵌于眼眶内，外表有上眼睑和下眼睑覆盖其上，通过上下眼睑的闭合运动和眼珠的转动，实现对眼睛的清洁保护以及心理和情感的表达作用。平时所说的眼形，通常是指上眼睑线和下眼睑线呈现出的形态，并且是动态的。从化妆的角度上来说，眼睛往往需要和其周边的部位整体来研究和塑造，因此把眼睛和眼周的地方称为“眼部”，包括眼眉和鼻骨及颧骨在内。其中比较重要的部位有眉弓头与鼻骨、眉骨突隆、眶下缘三个骨点突出的部位，见图8-1-1。

眼眶上部眉弓头与鼻骨的部位和眉骨突隆处，是表现眼部与额头结构关系的部位。其中在眉弓头下缘加深，能够体现眼窝深陷、鼻梁高挺的效果。在外眼角处画眼线的时候顺势上挑，一个很大的作用就是能够表现眉骨突隆这个地方的结构感，再配合眼影就能够很好地表现这个地方的立体美感。

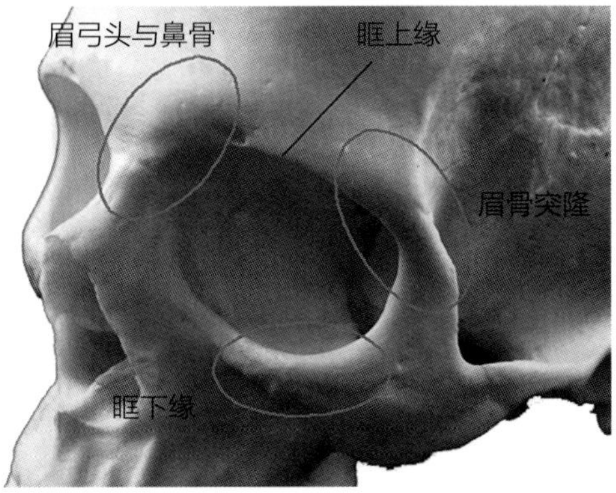

图8-1-1　眼部骨骼示意图

人体上任何形态的美感，首先一定是建立在合理的、完美的生理结构基础上，然后在这个基础上才能形成多种不同的更具体的美感表现形式。眼影的表现，前提也是要建立在眼部的这个生理结构基础上。观察图8-1-2，这里呈现的是眼部的光影而不是画出的眼影。可以看出眼影也是按照这样的光影效果来画的。所以眼影之所以叫眼影，其实质是眼睛这个部位的光影，并在这个基础上演化出丰富的表现形式。

眼影也是一个可以发挥很大想象空间的地方，可以融入个人的思想、情感和审美。在创意化妆中，它可以是一种单纯的美感表现，也可以是一种艺术和情感方面的表达。在这方面，能够使得化妆师的意志得到充分的发挥和展现。

眶下缘部位实际上是颧骨在眼眶处的边缘。在结构感比较强的脸上，这个地方往往比较亮，有一个高光点，是表现眼部与颧骨立体结构的重要部位。脸部形态立体的人，这个地方实际上是颧骨上部边缘部位的一个沟，它与颧骨下方的颧影沟共同形成形态上的呼应，很好地表现了颧骨的结构感。见图8-1-3、图8-1-4。

图8-1-2　眼部结构的光影

图8-1-3　眶下缘的凹陷结构

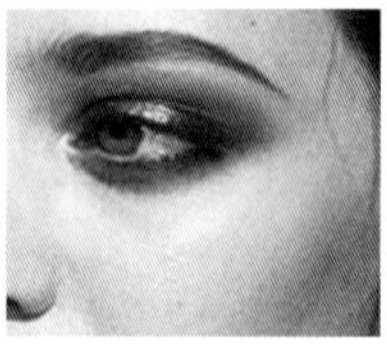

图8-1-4　眶下缘的高光

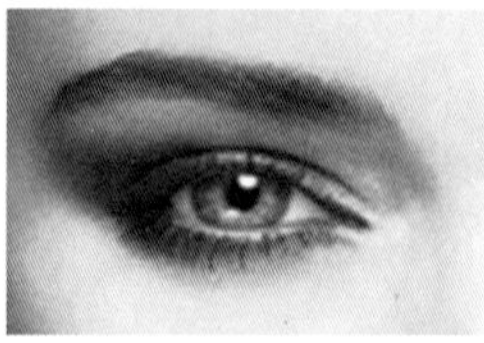

图8-1-5　高光在眉骨突隆处

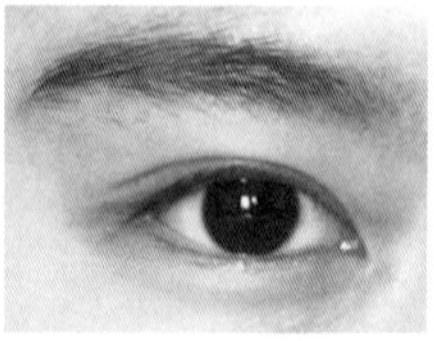

图8-1-6　高光在上眼睑中部

眼眶对眼部形态有较大的影响，尤其是眼眶上部的眉骨部位，能够比较突出地体现出眼部的立体结构状态。西方人眉骨和鼻骨高挺，眼窝深陷，这样的结构，导致眶上缘部位结构转折比较大，眼窝深陷，使得眼眉距离眼睛比较近。他们这个部位的形态，有利于我们对这个地方结构上的理解。东方人这个部位相对较平，眼珠相对突出一些，因此形成的形态差异是西方人眼部的高光点在眉尾下的眉骨突隆处，而很多东方人士眼部的高光点在上眼睑的中部。对比图8-1-5和图8-1-6。

二、眼睛外观的生理形态分析

在眼珠的上面，有一圈肌肉覆盖，叫做眼轮匝肌，它与皮下脂肪共同决定眼睛的外表形态。

眼睛形态表现的要点部位分别是：上眼睑、下眼睑；内眼角、外眼角。见图8-1-7。

如前所述，眼眶的结构是从上到下往里倾斜的图8-1-8，这种结构使得黑眼珠被上眼睑覆盖的比较大，因此眼睛正常的形态呈现为黑眼珠上部被覆盖的比较多而下部被覆盖的少。这种形态是性格、心理和情绪的一个重要的表现地方，当这种形态发生变化的时候，性格特征和表情就得到不同的表现。

观察组图8-1-9中黑眼珠裸露状态而表现出来的不同表情和性格特征：

1. 眼睑

上眼睑和下眼睑生理结构的区别：

眼睛的闭合，上眼睑的动作要大于下眼睑，因此情绪的变化和性格的特征更多地体现在上眼睑上。从结构上看，上眼睑是盖在下眼睑上的，表现为上眼睑高于下眼睑，因为生理作用是便于遮挡灰尘和泪水的排出。此外内眼角和外眼角的结构和形态，更突出地反映出眼睛的这种生理结构和作用。人的眼泪往往更多的是从内眼角和外眼角处流下来，就是由于这种结构作用导致。因此我们观察和判断眼形以及塑造不同的眼形，重点要放在上眼睑上。

2. 眼睑线

眼睑线简称眼线，是睫毛根生长排列的走线。

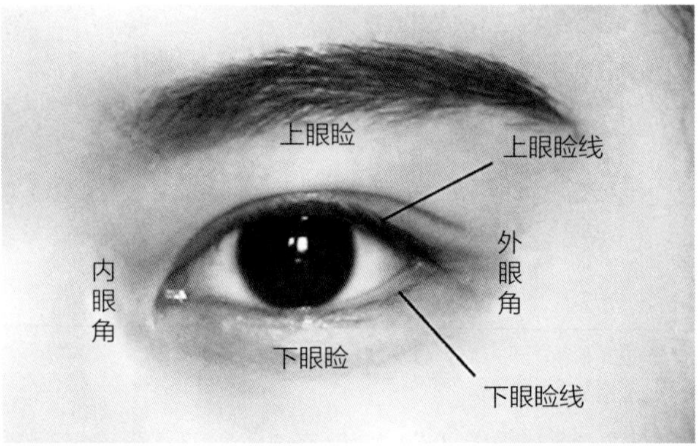

图8-1-7　眼睛形态要素部位

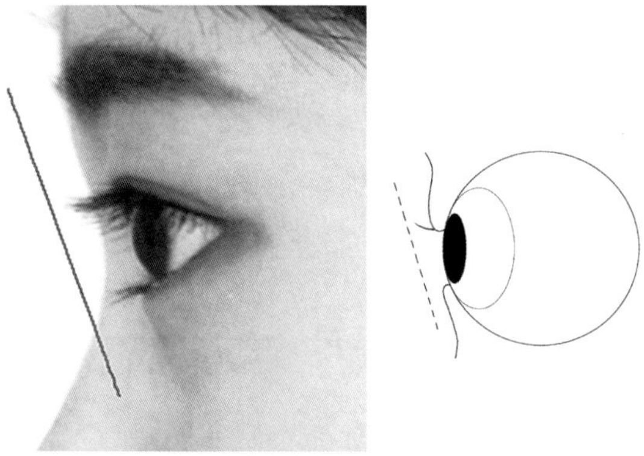

图8-1-8　眼睛向里倾斜的结构

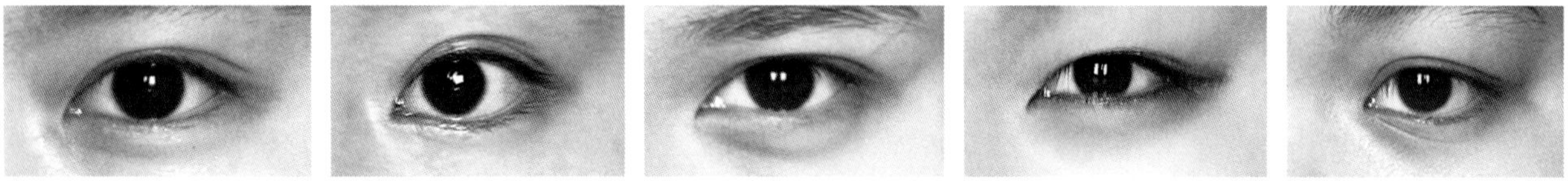

图8-1-9　黑眼珠裸露状态形成的不同表情和性格

上下眼线的形态直接表现眼形的形状，并且它们的结构也存在着差异。

上眼线结构形态比较简单，下眼线比较特殊。下眼线从内眼角处延伸到外眼角，其结构特点是从平的并往里收的，逐渐开始呈现下翻的走向，到了外眼角处，下翻达到了最大，见图8-1-10中1、2处。这种结构使得在画眼线的时候，外眼角处可以画得重一些和粗一些，因为这样不违背这个地方的结构特点，而内眼角处眼线就不宜画得宽大厚重。见图8-1-11，这是修改眼形的一个常用的方法。如果把下眼线由里到外画得粗细一样，深浅一样，眼睛的感觉就会非常不自然，缺少真实感和生动性。

3. 眼角

由于眼睛是个球体，上下眼睑覆盖在眼球上面，与眼眶相连的地方在内眼角和外眼角处形成了两个凹陷区（见图8-1-12），这两个地方也是表现眼睛结构感的重要地方。另一方面，上下眼线环绕眼球在此闭合，从而形成了形状微妙而且多样的眼形。需要注意的是，一定不要把眼睑线看成一个平面曲线，它的弯曲在一定程度上是由于眼球球体的转折而形成的，因此眼形从不同的角度来看其形态也是不同的。平时所说的眼形只是常态下的眼睛形状。也正是这种球状结构，使得眼影的描画一定不能画成平面，要表现出丰富的渐变层次。

内眼角和外眼角的形态差别：

内眼角和外眼角的形态有着较大的差异，这是由于其生理结构决定的。眼角的生理形态是为了便于排出眼泪，但是由于人性格的不同导致了其形态的差别。

内眼角由于所处的位置结构比较复杂，泪腺也位于此处，因此形成相比外眼角更多的形态。外眼角由结构相对简单，眼尾部基本都是上挑的，下垂的较少。

观察比较图8-1-13中眼睛内眼角的差别和外眼角的特点：

4. 双眼皮

前面讲到过在上眼皮这个地方，西方人往往是眉骨比较高和较深的眼窝而形成的一种眼部结构形态，而不同于东方人的双眼皮。东方人双眼皮比较普遍，并以其为美。双眼皮与上眼睑线的形态有以下四种：平行的、前窄后宽的、前宽后窄的、前后宽中间窄的。（见组图8-1-14）

以上几种双眼皮，都有各自的美感，都能够通过美目贴制作出来。其中每一种都能够对眼形起到

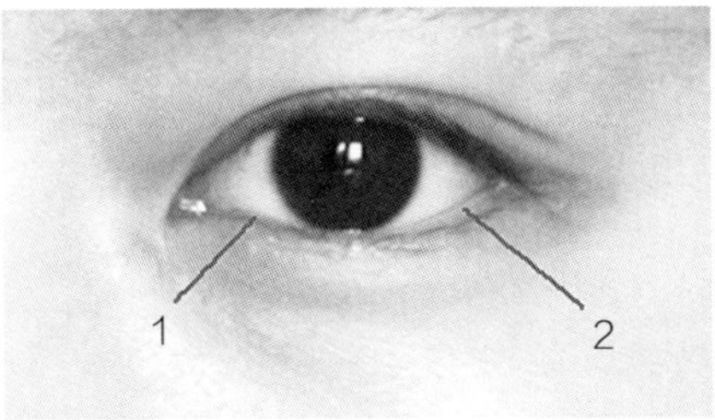

图8-1-10　下眼睑内外结构的差别

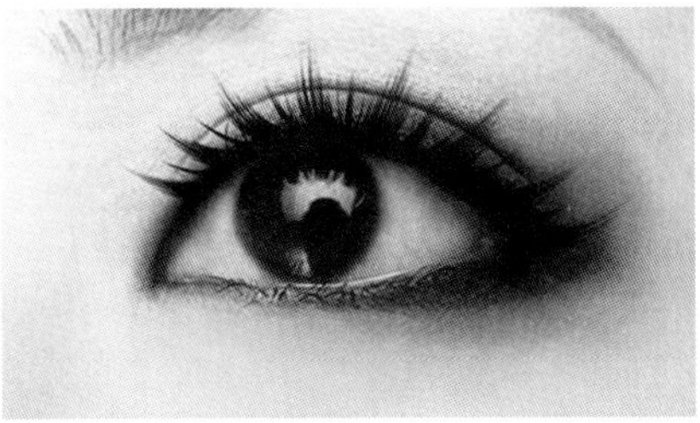

图8-1-11　内眼角处眼线不宜画的粗大

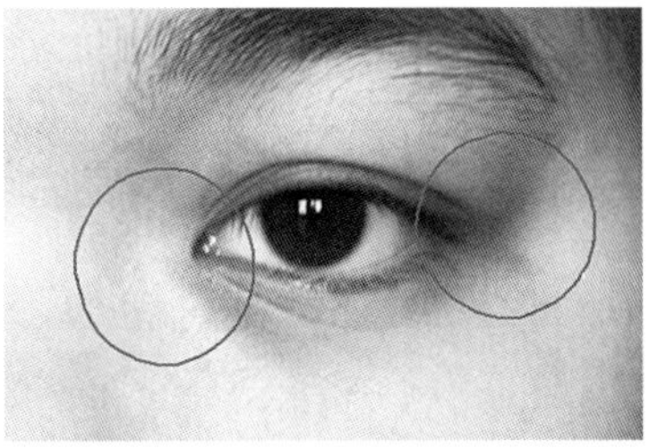

图8-1-12　内外眼角处的凹陷结构

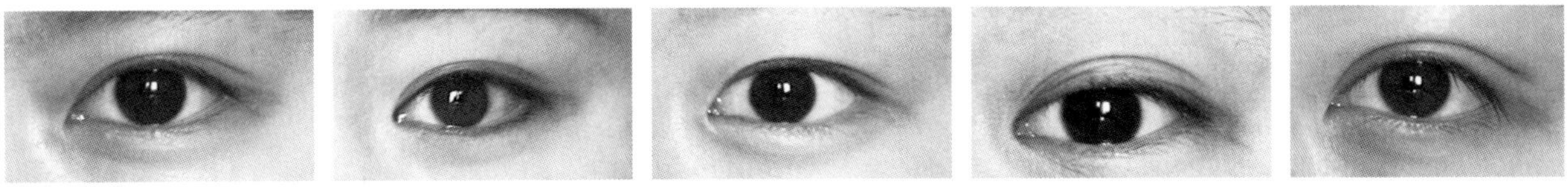

图8-1-13　不同的内外眼角的形态

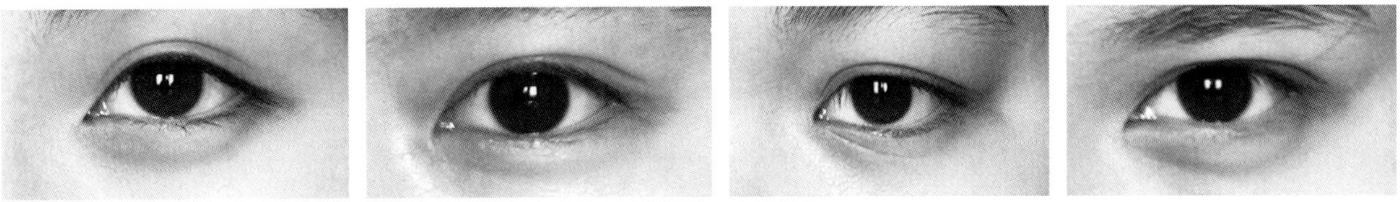

平行的　　前窄后宽的　　前宽后窄的　　前后宽中间窄的

图8-1-14　双眼皮与上眼睑的不同形态

一定的调整作用，要根据需要来选择。

5. 卧蚕

卧蚕是下眼睑的一种形态，与下眼袋不是一个概念。它能够在人的表情上发挥作用，当人笑的时候它随着脸部其他肌肉向上堆起使得眼睛的形态发生改变，从而起到表达某种情绪和心理的作用。(见图8-1-15)

6. 泪腺

泪腺的大小，对下眼睑线的形态变化起到一定的作用，泪腺比较大的，往往形成波浪形的下眼睑线。(见图8-1-16)

三、眼睛的基本形态

1. 眼形的基准形态及变化规律

前面说过，眼睛往往处于动态中，眼形也是变动的。为了便于对眼睛进行深入的研究，能够较好地比较和判断各种眼形，根据眼睛不同的形态表现，概括出一个基准形态，用这个基准眼形作为判断和掌握各种眼形的参考依据。

用平行四边形作为眼睛的基准形态是一个能够准确反映眼形普遍形态的办法(见图8-1-17)。各种眼形都可在这个基准形态中演化出来，眼睑线的弧线就是四个边的切线。

图8-1-18是四边形的四个角在坐标位置上发生变化，从而使眼形也发生了变化。注意观察弧线上下左右的对称的关系，从这里能够找到眼形的变化规律。

在图8-1-19中，a：b是眼形长与宽的比例关系，标示的是眼睛本身的比例形态，眼线表现的是眼睛的具体形态。

下面是四边形的变形而导致眼形的变化示例，见组图8-1-20。仔细观察，找出规律：

(1)基本眼形的演化

眼睛形态的变化，就是这个平行四边形四个角的坐标位置的变化，从而演化出无数形态，这些形态与不同的内外眼角组合，就形成了各种美感和反映各种性格的眼形。

眼形的美感最重要的是眼睛自身的比例。它决定了眼睛根本的形态，然后是上下眼睑线的具体形态的差别。由于上眼睑的动态变化程度大于下眼睑，因此上眼睑线的形态要远多于下眼睑线，所以上眼睑是我们观察、判断和修饰眼睛的重点部位。

眼线表现的只是眼睛的外形，体现的是眼睛的形式美感，它与黑眼珠的共同形态，是表现眼

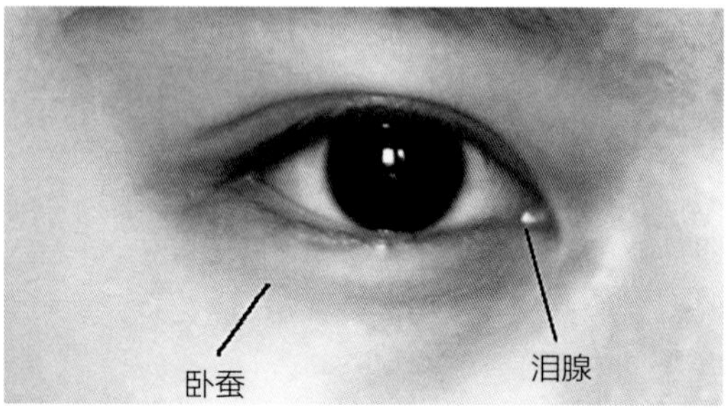

图8-1-15 卧蚕与泪腺

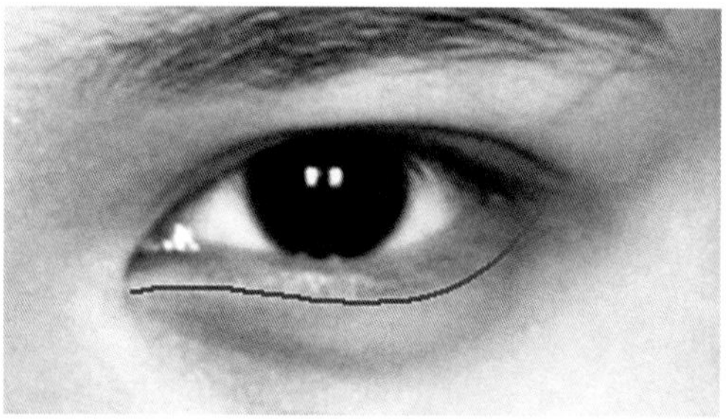

图8-1-16 泪腺对下眼线形态的影响

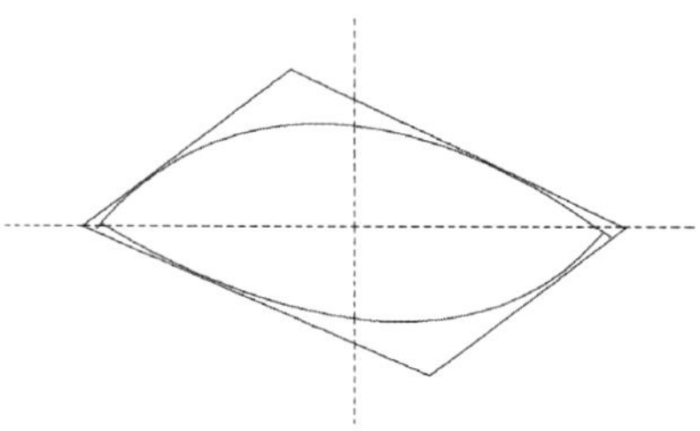

图8-1-17 眼睛的基准几何形态

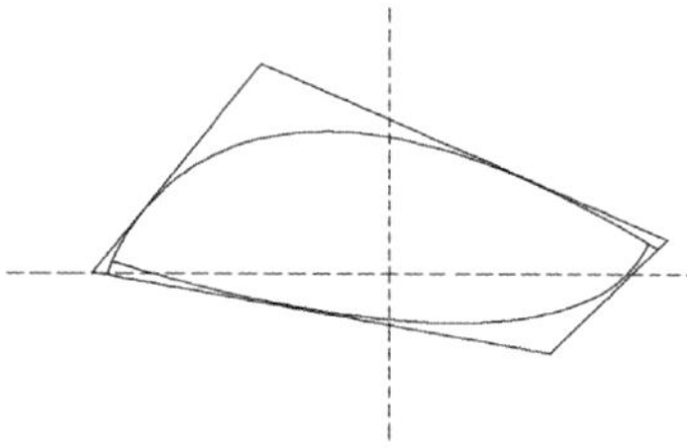

图8-1-18 眼睛几何形态的变化

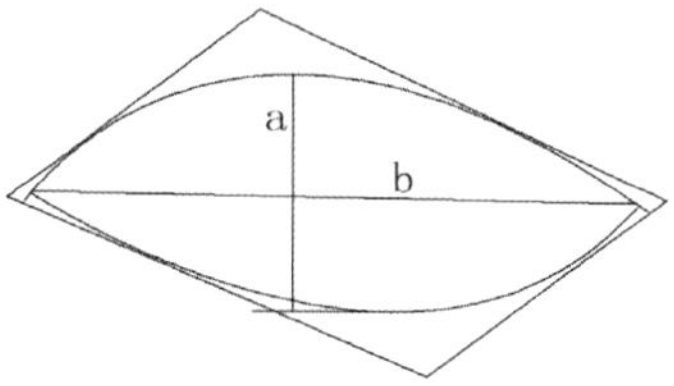

图8-1-19 眼睛几何形态中的比例

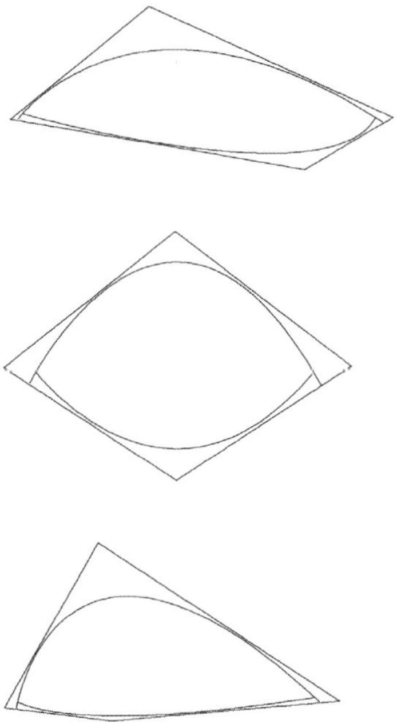

图8-1-20　眼睛几何形态的变化示例

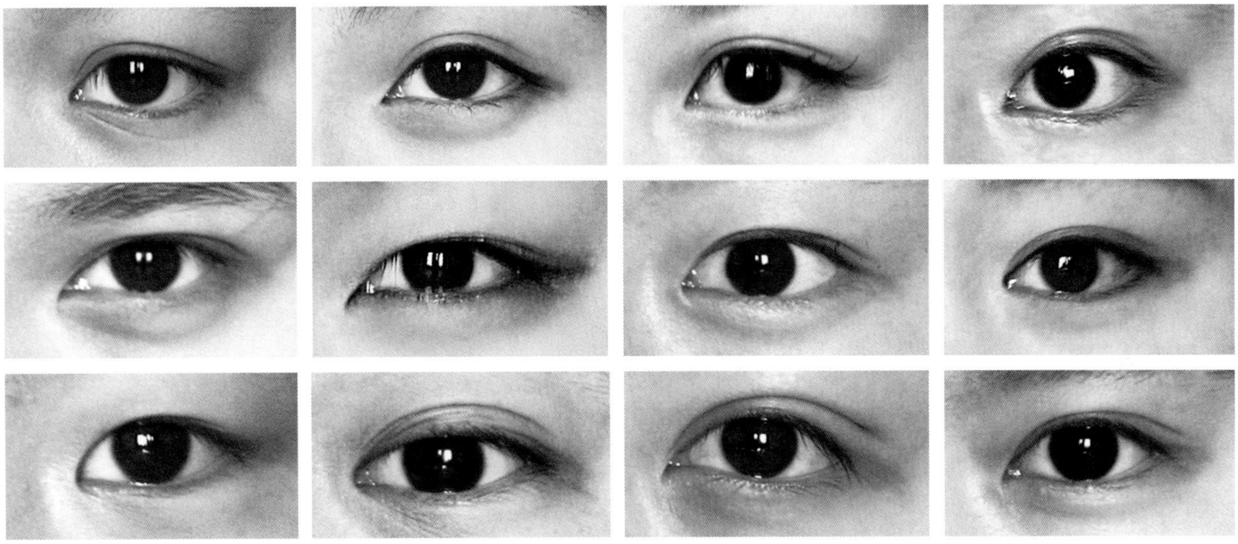

图8-1-21　不同眼睛形态的对比示例

睛的性格和表情的主要方面。从内外眼角、眼睑线和黑眼珠等几个方面来观察组图8-1-21中各个眼睛的形态，感受不同的美感和性格特征及表情：

从上面的图中可以看出体现不同美感和性格以及表情的眼睛。我们首先从形的角度，对眼睛进行归纳整理，然后再从眼睛性格表现的方面来分析研究。

（2）眼形的几个基准类型

根据眼线的曲线形态不同，将眼睛分为：蒜瓣形、蝌蚪形、半月形、菱形四种基本形。

蒜瓣形：是一种不规则四边形概括出来的眼形。特点是眼睛的最宽处在靠近内眼角处，下眼睑线弧度较小，总体特点是眼睛四边都不对称，形状类似于蒜瓣。这类眼形是眼睛形态变化最为多样的一种。（见图8-1-22）

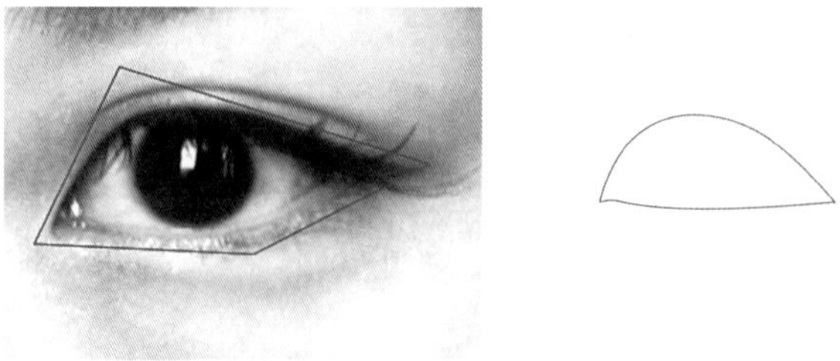

图8-1-22　蒜瓣形 呈不对称特点

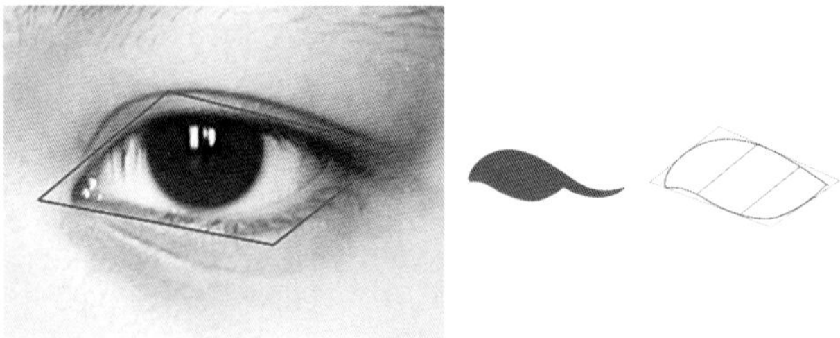

图8-1-23　蝌蚪形 呈中心对称

图8-1-24　飘动妩媚的眼睛

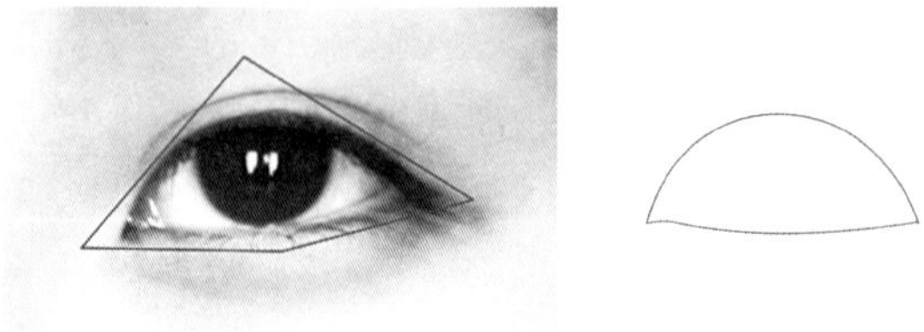

图8-1-25　半月形 呈竖轴对称

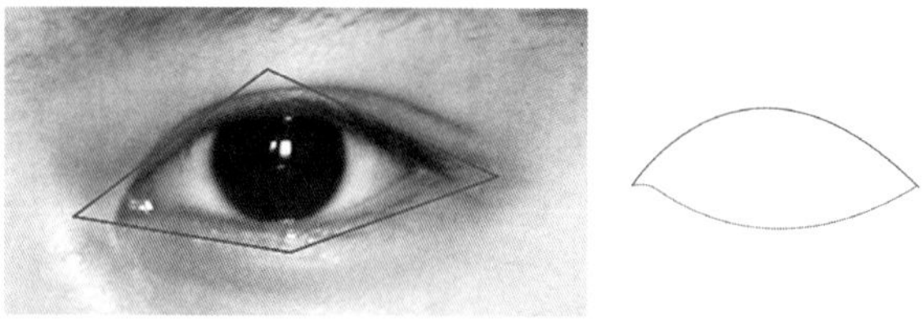

图8-1-26　菱形 呈横轴和竖轴对称

蝌蚪形：是平行四边形概括出来的眼形。如图（8-1-23），就像小蝌蚪缩短尾巴的形状。特点是在眼睛的中部有一段宽度平行的区域，也就是说眼睛的最宽处不是一点，而是一段。下眼睑线呈一个由小到大的波浪形，总体特点是眼睛呈中心对称的关系。蝌蚪形的眼形能够表现飘动、妩媚的感觉。（见图8-1-24）

半月形：是正三角形概括出来的眼形。特点是半圆形，眼睛的最宽处在眼睛的中间，下眼睑线弧度较小，总体特点是眼睛呈左右对称，也就是竖轴对称的关系。（见图8-1-25）

菱形：是菱形概括出来的眼形，总体特点是眼睛呈上下、左右对称，就是竖轴和横轴都对称，或者叫做全对称。（见图8-1-26）

（3）眼形变化的规律

以上每种形态之间的过渡，形成了无数种不同形态的眼形。上述眼形的分类，是为了便于掌握眼形的形态特点而进行的分类概括，它们相互之间没有严格的区分界限。在现实生活中人们的眼形，常常是呈现出更接近某种眼形同时还有其他种眼形的特点，这四种眼形只是作为判断眼形的基准，是为了便于根据需要修改或塑造出不同的眼形。并且，眼睛是球状体并且是运动的，因此使得眼睛的形态从不同的角度看和在不同的动态中，都呈现出不同的变化形状。所以判断眼睛的美感不应当仅仅从静态的和平面的角度来看，而应当从立体的角度和动态的方面来观察更为准确，并且眼睛自身的比例最能够说明问题。比如正面看是半月形的眼睛从侧面看就变成蒜瓣形的了；蒜瓣形的从上方看下来就变成蝌蚪形的；菱形的从下往上看就变成半月形的等。

（4）影响眼形美感的根本因素及美感规律

影响眼形美感的根本因素包括眼睛自身的比例和眼睛与脸的比例两个方面，眼线的具体轮廓形态，是眼形美感的直接因素。眼睛自身比例就是眼睛本身的长宽比例。自身比例好的眼形，一般都不会难看，这也符合黄金比例的规律。这样的比例眼形即使存在问题，也很容易通过眼线得到改善。

单从眼形自身的美观度上来说，不对称的蒜瓣形的眼形美观度较高，变化形态也最多样。其次是部分对称的蝌蚪形和半月形，第三是完全对称的菱形。规律是从完全不对称到完全对称的演变。眼睛与脸的比例实际上就是指眼睛的大小，习惯上以眼大为美。

这里一定要明白，单纯好看的眼形，比不上眼形与脸型和其他五官的整体协调来得更动人。这方面可以找到大量的人物实例来观察比较，这一点也是前面讲到的如何发现一个人独有的相貌特点的一个重要方面。

2. 眼睑线的形态及变化

眼形自身的比例是眼睛美感的根本因素，是眼睛美感的基础。眼睑线的形态直接表现眼睛的具体形状，它是眼形的修正形态。总的特点是上眼睑形态变化多样而丰富，下眼睑变化相对少一些。

（1）上眼睑线的形态变化特点：

上眼睑线的形态变化特点是形态多样，是影响眼睛形态的主要部位。有对称形、非对称形两大类。

对称形：表现为一条左右对称的弧线，包括：圆弧线（图8-1-27）、玄形线（图8-1-28）、梯形线（图8-1-29）。

非对称形：表现为一条抛物线，这条抛物线的形状微妙而变化多样，如图（8-1-30）。

以上四种上眼睑线，美感各不相同，其中图（8-1-30）的美感突出并且形态变化多样；图（8-1-27）美感也比较强；图（8-1-28）和图（8-1-29）美感稍差，可以通过眼线和美目贴以及假睫毛加以修改。这个方面需要通过大量的练习来掌握。

（2）下眼睑线的形态变化特点：

下眼线形态变化较少，对眼形的影响小于上眼线。由于生理作用，下眼睫毛生长的长度和密度也小于上眼睫毛，这种生理现象使得在粘假睫毛的时候要区别对待。

下眼线可分为两大类：对称的弧形（见图8-1-31）和非对称的波浪形（见图8-1-32）。对称弧形的相对显得单调，眼睛比较突出的人一般弧度比较大。波浪形是由于内眼角处比较凹陷或泪腺较大而形成的，能够使眼睛产生一种飘动、妩媚的感觉，如果要塑造一种妩媚的眼形，这个地方是一个主要的表现部位。

还有介于两者之间的形态（见图8-1-33），是常态下数量最多的一这种形态。这种形态特点是泪腺大小适中进而眼睛的弧度适中形成的，因此也是最普遍而美丽的。

3. 眼角的形态及变化

（1）内眼角的形态

内眼角有交错形（图8-1-34）、平面形（图8-1-35）、叠压形（图8-1-36）。

内眼角对于眼形的美感影响较大，并直接反映性格特征。正常而美观的内眼角应当是第一种，它不仅符合生理功能的需要，也在形态表现上比较美

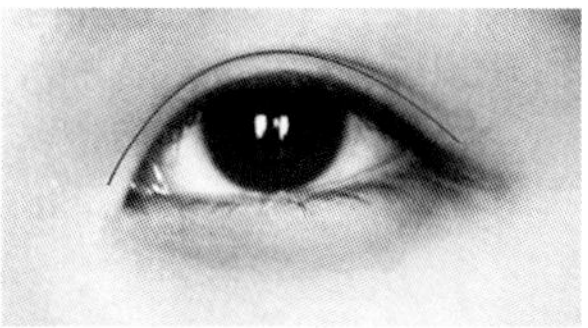

图8-1-27　圆弧线

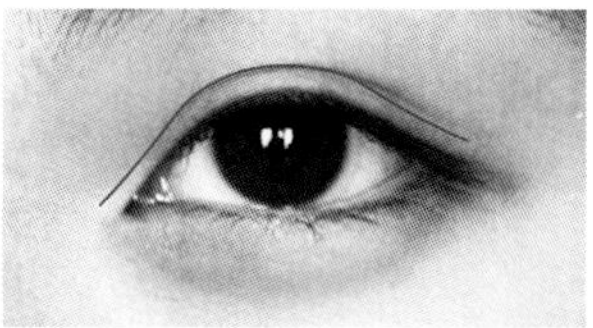

图8-1-28　玄形线

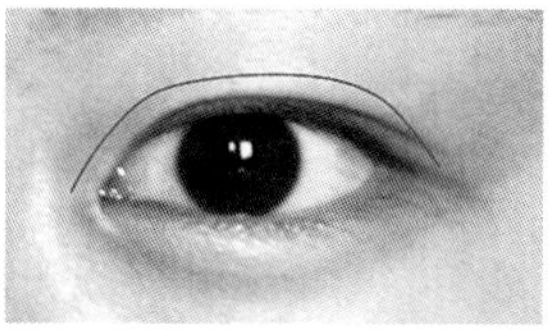

图8-1-29　梯形线

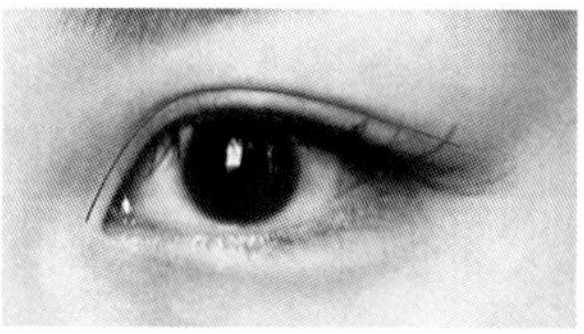

图8-1-30　非对称形

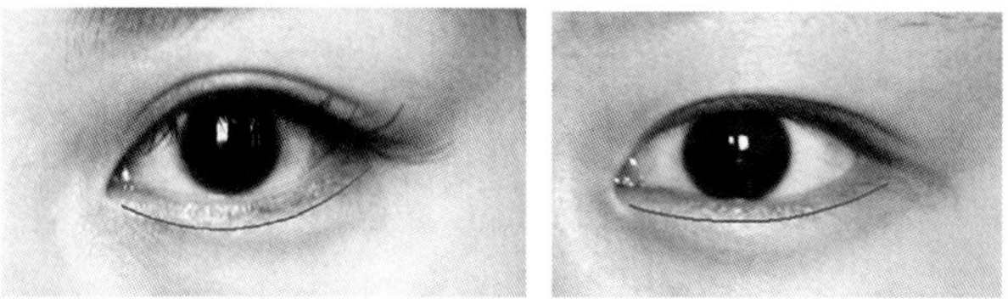

图8-1-31　对称弧形

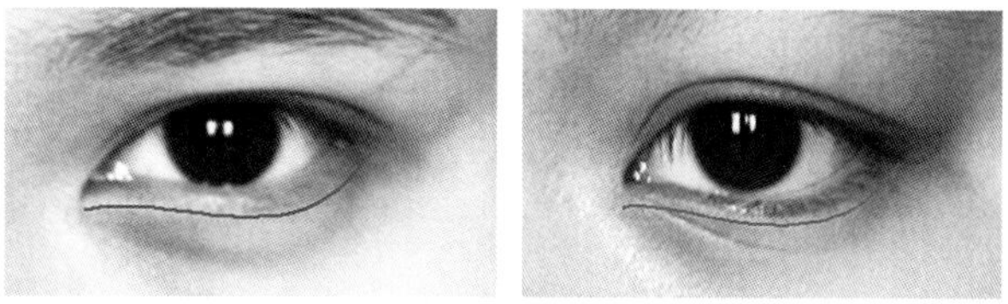

图8-1-32　非对称波浪形

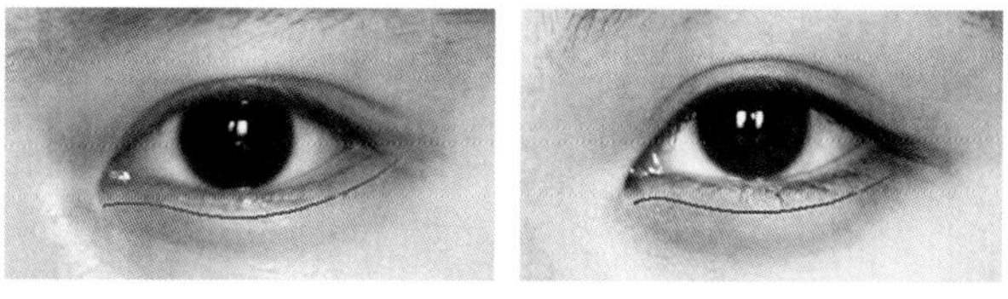

图8-1-33　对称弧形与非对称波浪形的过渡形态

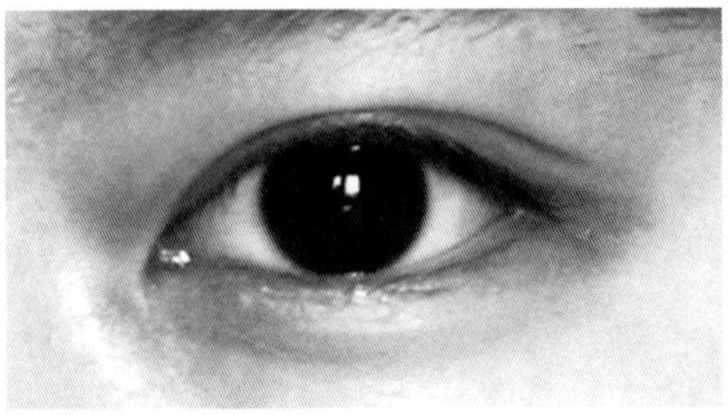

图8-1-34　交错形

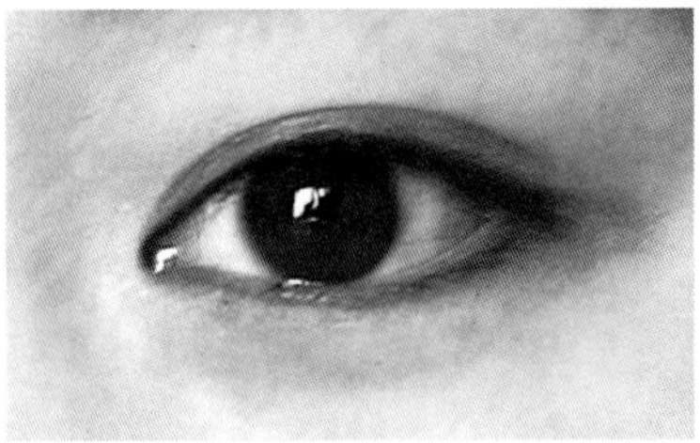

图8-1-35　平面形

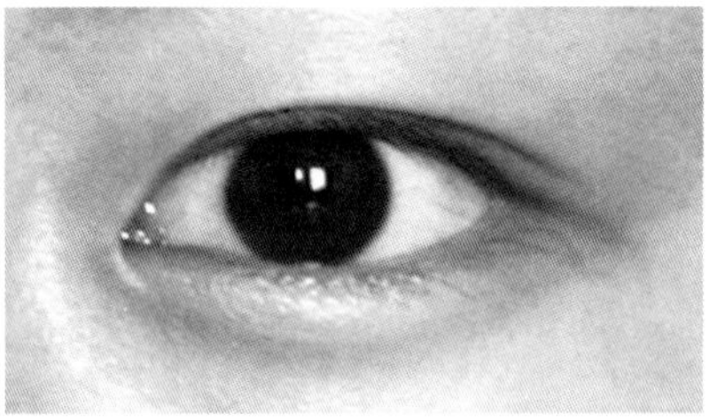

图8-1-36　叠压形

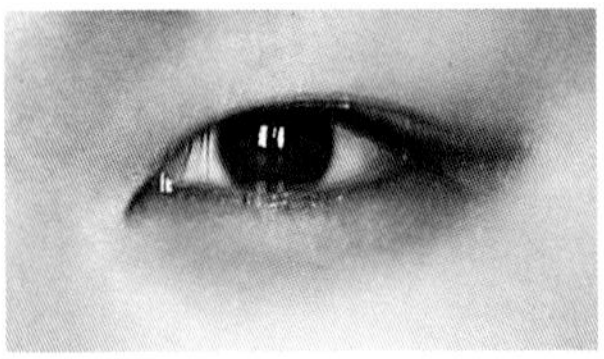

笑里藏刀

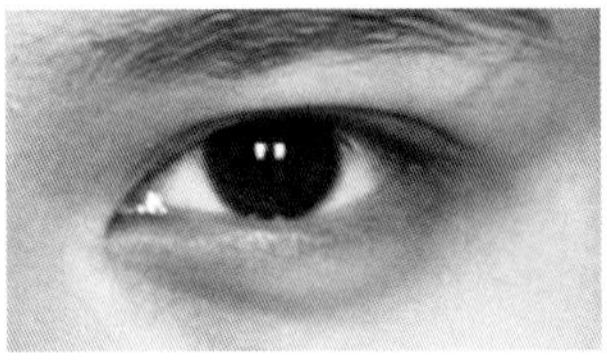

富于心机

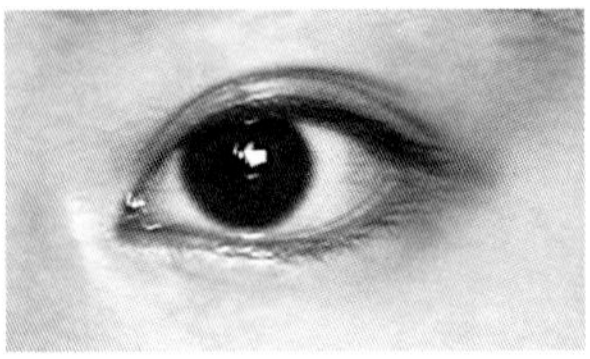

呆板无神

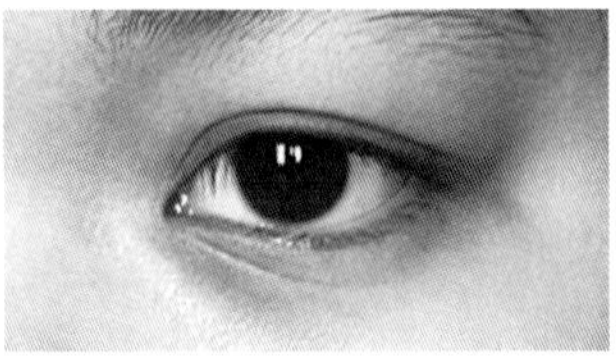

消沉沮丧

图8-1-37

观。整容术上有一种叫做“开眼角”的做法，就是制作出这种眼角的结构形态。其他两种形态美感表现较差，但很容易通过眼线的描画得到修正。

（2）外眼角的形态

外眼角的形态相对简单，有上翘形和下垂两种形。绝大多数的人都是不同程度的上翘形，下垂的较少。外眼角在性格和表现上起到较大的作用，并且是眼影的主要描画部位，因为这个地方的修饰能够很好地突出眼部的结构感，塑造出美观而立体的形态，是眼部化妆的重点部位。

四、眼睛的表情与性格分析

1. 眼睛自身形态的性格特征

平时所说的眼睛是指上下眼线和黑眼珠的形态表现。眼裂，也就是上下眼线的开合大小，本身就反映某种性格特征。由于眼眶结构的特点，常态下的眼睛由于黑眼球上部被眼睑覆盖得比较大的特点，一旦这种形态发生改变，性格和表情特征就得到表露，因此黑眼珠的裸露状态，是影响不同性格和表情特征的一个重要方面。

比较组图8-1-37中眼睛所表现出来的性格特征和表情，注意观察黑眼珠被覆盖的特点。

2. 眼睛的位置及分布形态反映的性格特征和美感

眼睛位置的分布形态，包括两个方面：一个是指左右眉眼间距的状况，分为远、中、近三种。第二是指眼睛在脸上位置的平衡状态，有平的、上扬的和下垂的三种状态，美感和性格特征各有不同。各种状态再结合眼眉的状态，又形成了多种不同的性格感受。

（1）眉眼间距的三种状态表现出的性格特征和美感

图8-1-38眉眼间距集中，显得狭隘、小气；图8-1-39眉眼间距适中，感觉正常美观；图8-1-40眉眼间距较大，眉眼分离，给人的感觉是呆、傻、弱智。

（2）眼睛的平衡位置状态表现出的性格特征和美感

向上的有喜悦的感觉（图8-1-41）；平的平和安详（图8-1-42）；向下的有沮丧的感觉（图8-1-43）。

眼睛的平衡位置状态，如果与眼眉的平衡位置状态一致或者不同，性格特征和美感又发生了变化，见图8-1-44。一致的起到性格强调作用；不一致的分别有气愤、威严和委屈、柔弱的等复杂多样的感觉，见图8-1-45。如果再与眉头和嘴角的变化相互结合，形成的表情特征就更加明显（见后面第九章、口鼻的相关内容）。

3. 眼部的综合形态所反映出的性格特征和美感

眼部包括眼眉和颧骨、鼻骨等部位。这些地

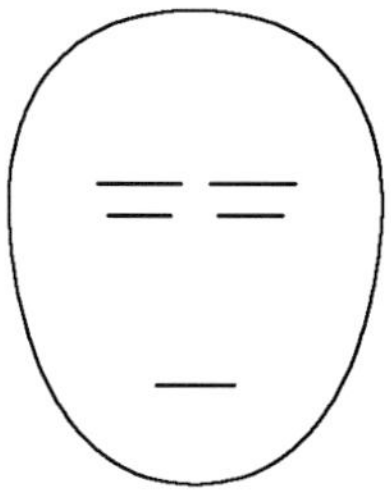
图8-1-38　眉间距小

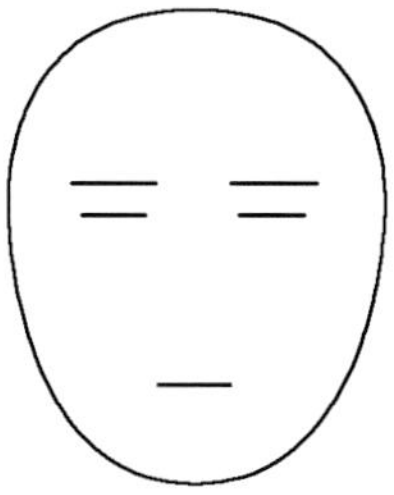
图8-1-39　眉间距正常

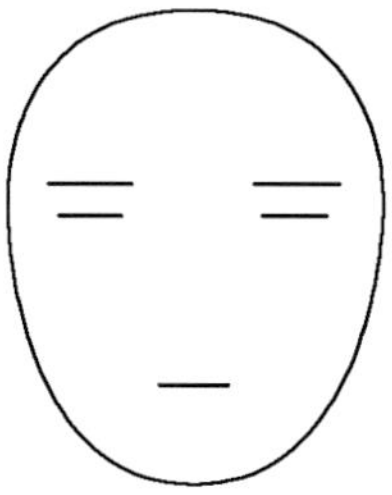
图8-1-40　眉间距宽

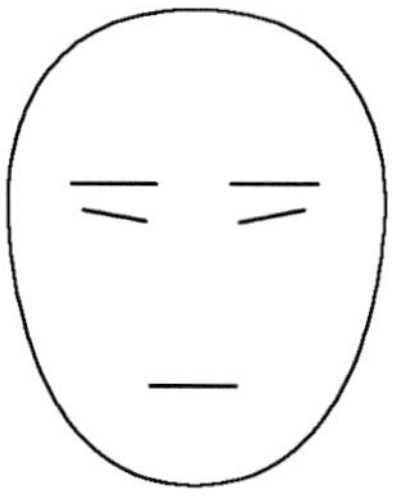
图8-1-41　眼睛上吊

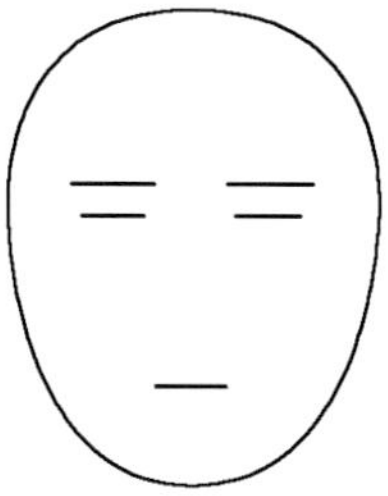
图8-1-42　眼睛平衡

图8-1-43　眼睛下垂

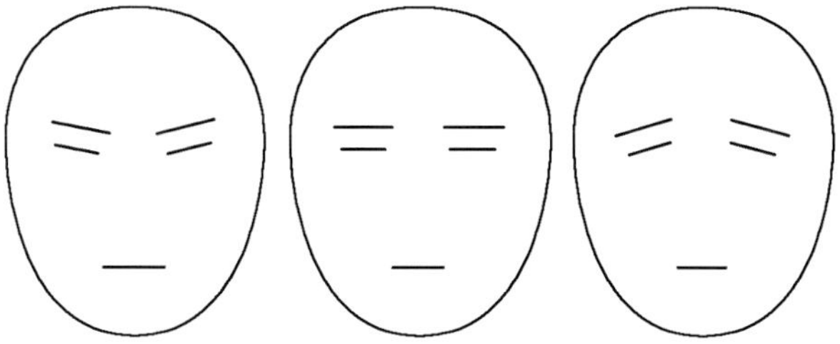
图8-1-44　眉眼方向一致表情对比

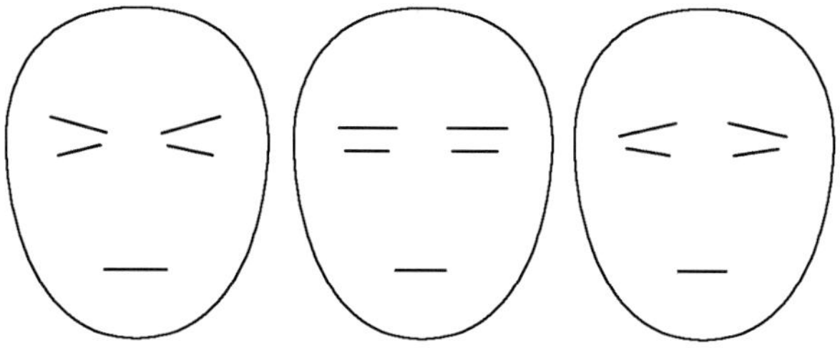
图8-1-45　眉眼方向不一致表情对比

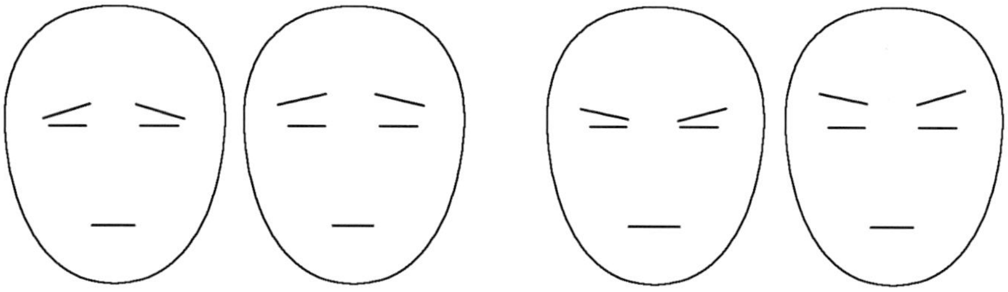
图8-1-46　眉眼距离远近表情对比

方对一个人的相貌美感和性格特征都有较大的影响。

（1）眼眉与眼睛的距离表现

眼眉与眼睛的距离，是由眉骨的结构特点所决定的。眼眉与眼睛之间的距离不同，美感和性格表现有一定程度上的差别。眼眉与眼睛的距离越近，相应的表情和性格表现就越集中、越突出、越明显，距离远表情和性格特征会削弱。见图8-1-46。

（2）眼眉与眼睛的方向不同所产生的美感和性格的差别

眼眉与眼睛的方向有三种状态：与眼睛平行的、与眼睛分离的、与眼睛聚集的（见图8-1-47）。美感和性格表现分别是：平行的是端庄、贤惠、聪慧、温柔、平和、庄重、大方等更多的常态美感；分离的和聚集的就分别显现出相反的个性，分别是张扬强势、娇媚孱弱等美感。

（3）眼眉与眼睛的长短比例不同所产生的美感和性格差异

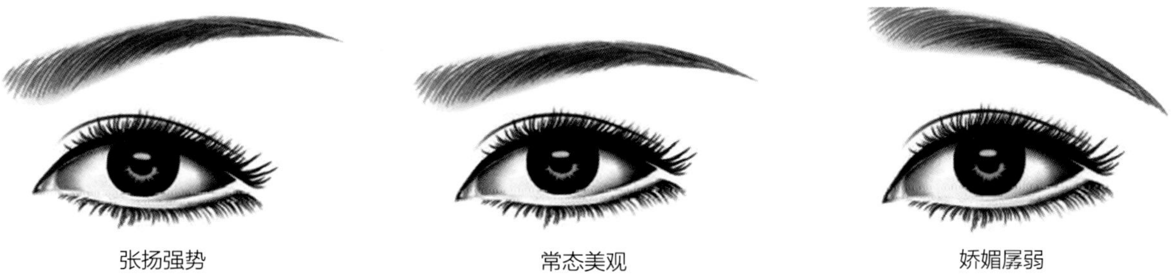

图8-1-47　眼眉与眼睛方向的不同组合

精干　　常态化　　美艳感

图8-1-48　眼眉与眼睛不同长短比例的组合

眼眉的长短在美感上表现总的特点是：短的眼眉显得精干灵活；正常长短的眼眉，由于具体眉形和位置的不同表现出常态化的不同美感；长的眼眉也受具体的眉形不同的影响，但普遍倾向于美艳、妖娆等美感特征。（图8-1-48）

以上眼眉与眼睛的不同组合形态所产生的不同美感和性格特征的差异，要仔细观察并到生活中广泛地观察、比较、认识，掌握其中的规律。

第二节　眼部的修饰（实训）

一、眼部修饰的目的

眼部修饰目的有两个方面：美化眼形、表现眼部结构。美化眼形可以通过眼线、眼影、美目贴、假睫毛等多种办法来做到；表现眼部结构，主要通过高光和暗影的方法来实现。

二、美化眼部的方法

1. 眼部结构感的塑造

如前所述，影响眼部结构的主要骨点有：眉弓头与鼻骨、眉骨突隆、眶下缘三个比较突出的部位（见图8-2-1）。这三个部位在脸上往往表现为亮部，用相应的暗影与高光处理手法就能够很好地表现结构感。这三个部位的形态因人而异，不同的人有不同的情况，要灵活掌握。

眼部结构感塑造示例：

见图8-2-2，一般情况下在眉头下方打上暗影和在眉尾下方提亮，就能够很好地表现眼睛与额头的结，见图8-2-3；在外眼角上部画上适当的眼影能够进一步表现出眉骨突隆的结构，见图8-2-4；在眶下缘这个地方提亮能够很好地突出眼部和颧骨的结构感，见图8-2-5。并且这个地方提亮还能够与下边的颧影相呼应，突出骨感美。有很多人忽视了这个地方的结构特点。

在这里，我们应当更进一步理解“眼影”这个最常用的眼部修饰技法的原理和作用，它的一个非常重要的作用是表现眼部的结构感，并进而演化出了非常丰富的眼影表现技法，从而丰富和美化了眼部的形态。这一点在画裸妆的时候非常实用，就是要画出光影的感觉，而不是眼影的状态。

2. 通过眼线和眼影修改眼形和眼睛的大小

修改眼形技法，在前面第一阶段的学习中应当掌握了，这里要进行把不同的眼形修改为另一种

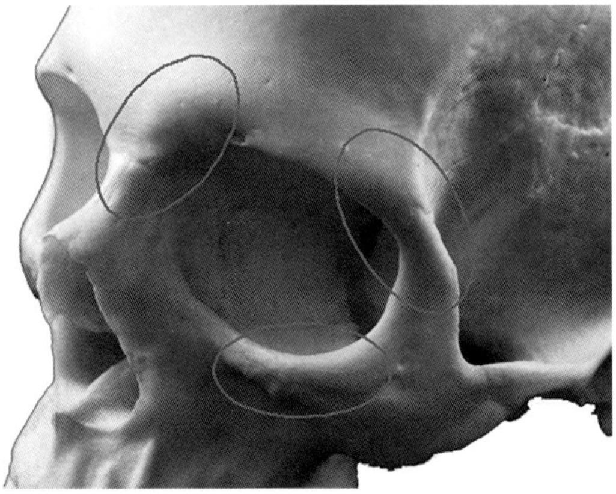

图8-2-1　眼部结构骨点示意图

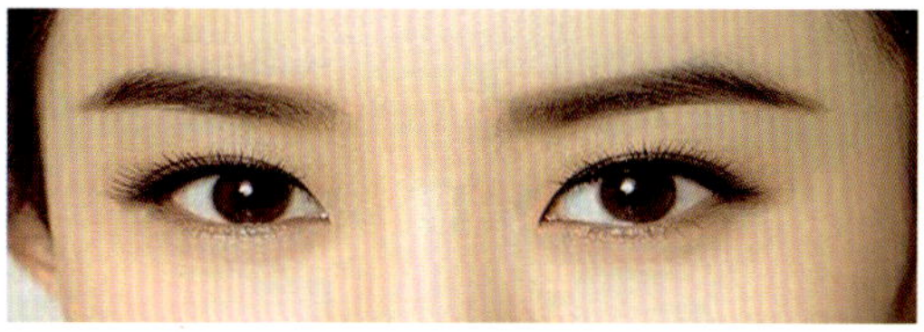

图8-2-2　正常的眼部光影

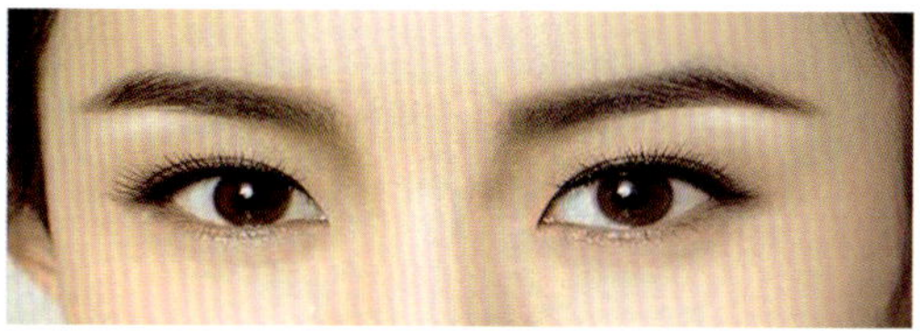

图8-2-3　眉头下与眉尾下加深和提亮

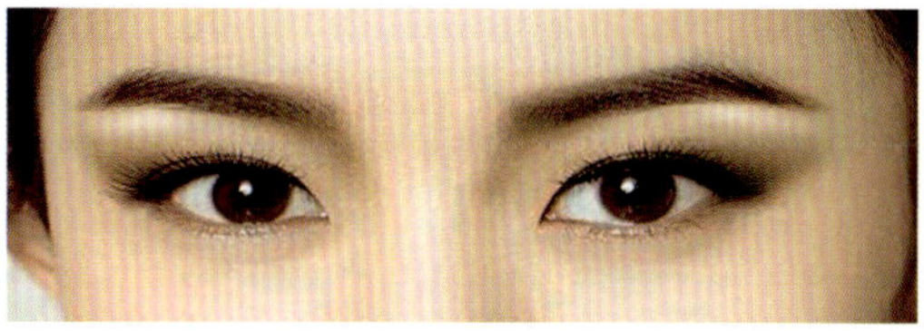

图8-2-4　外眼角处画出眼影表现的结构

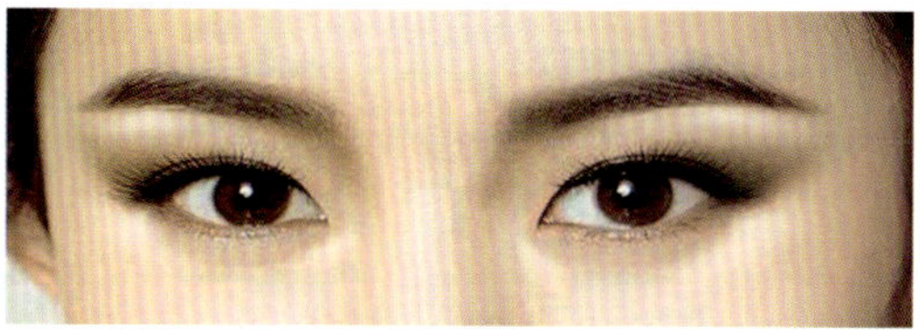

图8-2-5　眼眶下缘提亮表现的结构

眼形的练习，目的是掌握和积累塑造不同眼形的经验和方法。具体的修改方法要自己灵活掌握，不论是用眼线还是眼影、美目贴、假睫毛，都要大胆尝试，在练习的过程中要注意不同眼形美感的表现。

半月形 → 蒜瓣形

半月形 → 蝌蚪形

蒜瓣形 → 蝌蚪形

菱形 → 蒜瓣形

菱形 → 蝌蚪形

菱形 → 半月形

……

3. 美目贴的使用

通过剪成不同宽窄、长短和不同形状的美目贴，尝试按着本章第一节中介绍的四种双眼皮的形态，制作相应形态的双眼皮来美化和纠正眼形。要注意每个人上眼睑皮肤的松紧度不同的差别，灵活运用。

4. 假睫毛的使用

假睫毛的使用，能够很好地美化眼睛，这里要做的是通过假睫毛的粘贴修改眼形，这就要有目的地使用，以眼睑线为基础适当地改变它的走向，从而改变眼形。这个方面要通过大量的练习加以掌握。

5. 关于内眼角的提亮

生活妆中，在内眼处下眼角线提亮曾经一度流行，这种做法明显违背眼睛的生理结构特点。眼睛是球形结构，这种结构使得内眼角是往里凹陷的，而亮色是前进色，因此很多人画出的效果既不美观也不自然。这里不是否认这种技法，而是要弄明白每种技法的目的和用途。如果要表现一种泪眼滢滢、楚楚可爱的眼妆效果，却是一个很好的方法，但提亮的位置和大小要掌握好，并应当选择在眼泪容易流出的部位。所以一定要明白每个地方不同处理方法的目的是什么，并要掌握好一个度量。目的不明就是盲目地模仿，就得不到好的化妆效果，也学不好化妆。

第三节　眼睛形态的美感表现和性格刻画

一、眼睛的美感表现

通过前面章节的学习和练习，应当能够对眼部的美感有一个比较深入的认识，并能够通过适当的方法修改和表现需要的眼形。但是这里一定要明白一个问题就是：单纯美丽的眼形，不如与脸型和其他五官的美感和性格统一协调更重要。需要修形的眼睛要本着与脸部整体美感统一协调的原则和性格的需要来进行，同画眼眉一样，不能只追求单独个体的美。

眼睛比眼眉更复杂，不仅要注意形上的协调，更要注重脸部的整体美感和性格乃至气质上的统

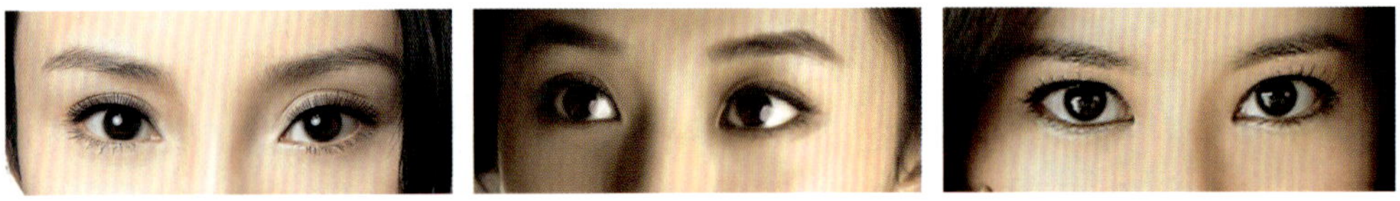

图8-3-1　比较圆的眼睛

图8-3-2　飘动、迷离、妩媚的眼睛

一。怎么样来表现和塑造脸部整体的美感，一样适用于前面章节关于形的组合的规律。不同形与形的组合所表现出来的感受，是值得一个专业化妆人士在生活和工作中不断地去探索和感悟的。要做个有心人，在生活中的各个方面，观察各种各样的人，特别是美貌的人，研究她们特有的美感从哪里产生，不断积累和丰富自己的素材、经验和认知。

为了从总体性格和表情的形态上把握眼形，这里从眼睛自身比例形态的角度，把眼形分为以下几种形态来进一步分析。

二、标准眼、圆眼、细眼、飘带眼

前面主要是从眼睛的具体形态方面来分析眼睛的美感，那么从眼睛的根本形态上来说，眼睛自身的比例是其美感和性格特征的根本因素。并且眼睛自身的比例，往往直接影响着黑眼珠的表现形态，在性格特征上表现更为突出。

标准眼：是指眼睛自身比例适中的眼形，只要自身比例适中的眼形都属于标准眼。这种眼形形态最为多样，美感表现最为丰富。

圆眼：顾名思义，就是指比较圆的眼形，黑眼珠露的比较多，显得比较有精神（见图8-3-1），民间所说的“虎眼”“杏眼”等都属于这类眼形，但有时候过大过圆的眼睛也会显得无神，所谓“眼大无神”。

细眼：是指眼形细长的形态。平常所说的“凤眼”是其中的一种，此外还有多种表现形态，美感特征不一。其特点是黑眼珠被覆盖得比较多，往往显得富有心机和神秘感，有时候也会显得高傲和冷漠无情。

飘带眼：飘带眼是细眼的一种变形，呈现飘带样的波浪状。飘带眼具有妩媚、迷离、朦胧、魅惑等美感，并且眼形越细长，眼线和眼影画得和晕染得越虚、越朦胧这种美感就越强。技法特点就是在内眼角和外眼角对向描画，表现出波浪形的眼形，并用眼线和眼影表现出虚无缥缈、朦胧神秘的感觉。（图8-3-2）

区分这些眼形的目的是：当遇到不同相貌特点的人的时候，要根据其眼形考虑用哪种美感的眼形来完善眼睛。

第四节　脸部五官的组合及性格特征

一、眉眼的组合及性格特征

眼部最重要的关系是眼眉和眼睛的关系，因为它们是生理上的伴生关系，因此形态上也是最为密切的。它们之间的形态关系表现在位置关系和大小关系两个方面，这个方面的问题已经在前面有了比较详细的阐述，这里对脸部的整体形态进行概括。

仔细比较图8-4-1、图8-4-2、图8-4-3、图8-4-4四组图样，感受不同的表情和性格特征。

这里面的规律是：眼眉向上的性格和表情特征是凌厉、喜悦；平的平和安详；下垂的沮丧、消沉、孱弱。眼睛也是同样的感觉，如果眼眉和眼睛

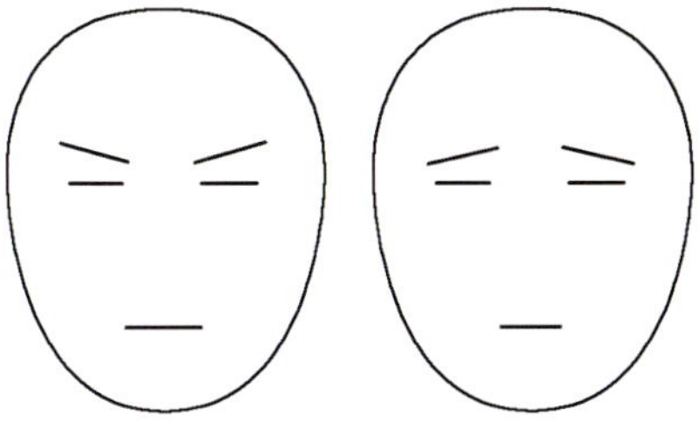

图8-4-1　眼眉倾斜时的表情和性格表现

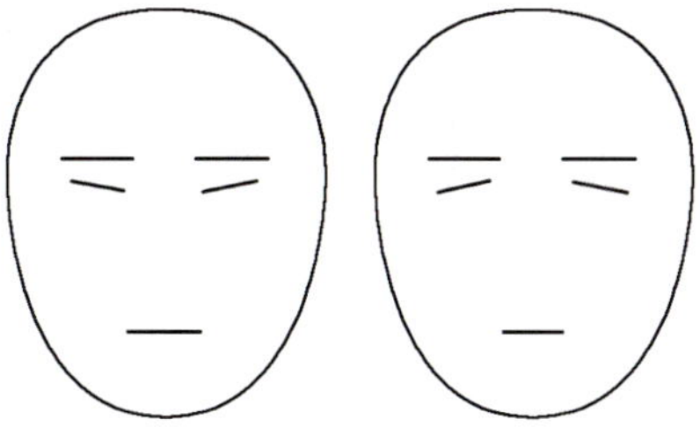

图8-4-2　眼睛倾斜时的表情和性格表现

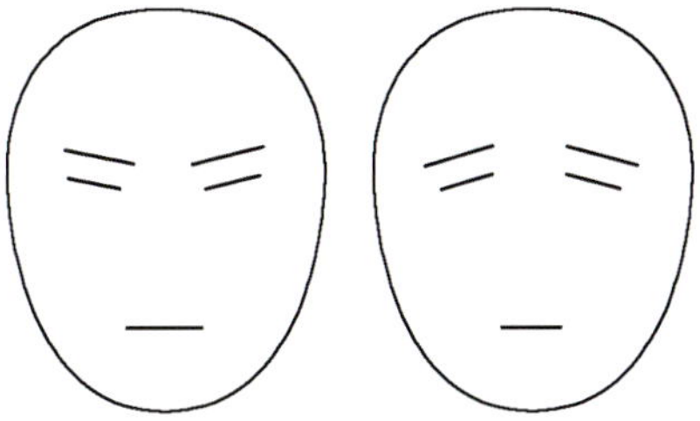

图8-4-3　眉眼倾斜并方向一致时的表情和性格表现

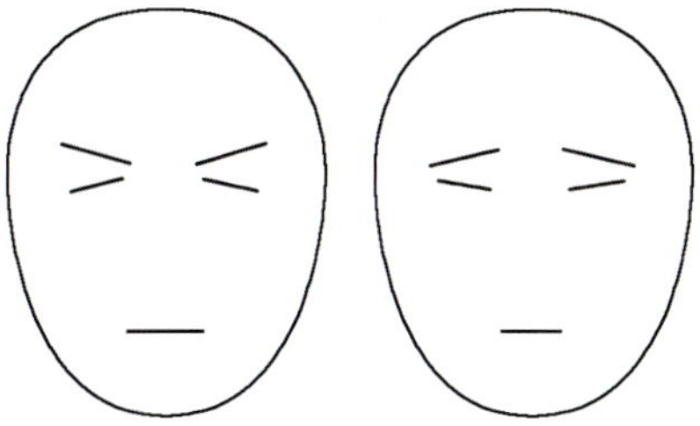

图8-4-4　眉眼倾斜方向不一致时的表情和性格表现

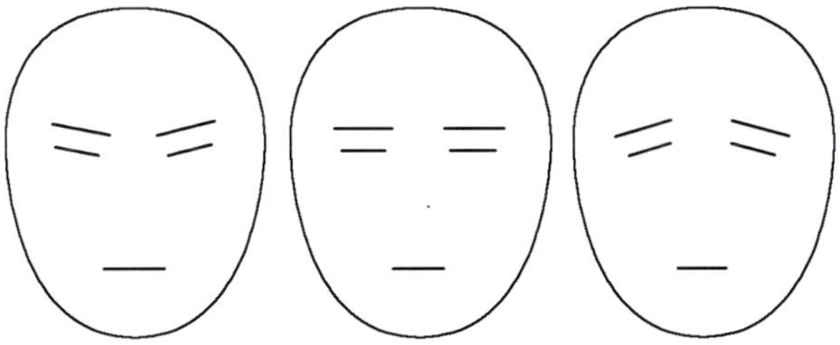

图8-4-5　眉头正常状态下的性格和表情

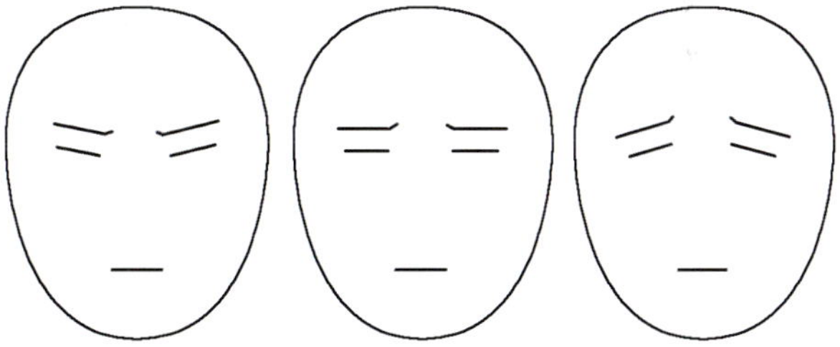

图8-4-6　眉头的变化对表情的影响

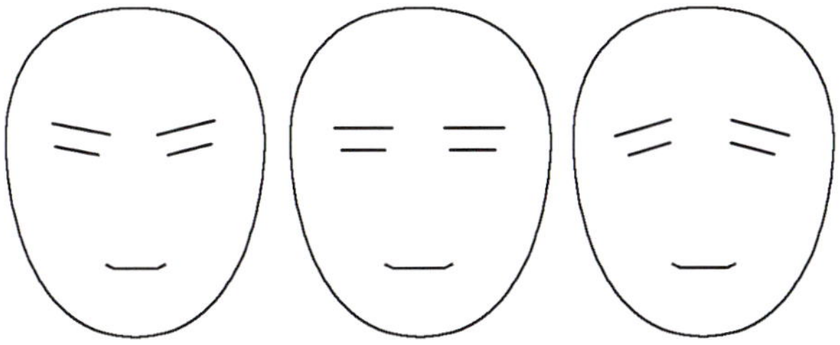

图8-4-7　嘴角的变化对表情的影响

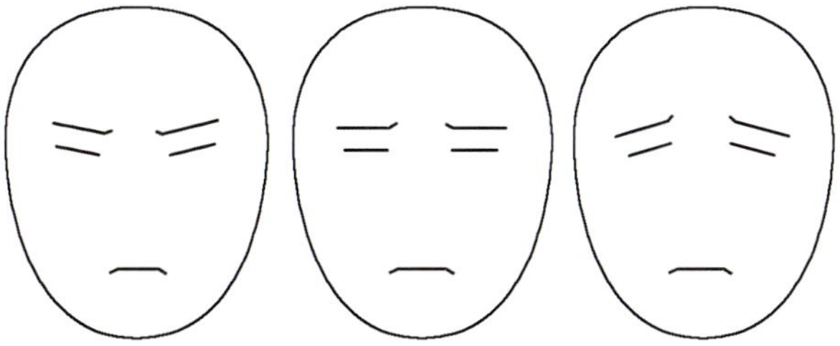

图8-4-8　眉头和嘴角变化的共同影响

方向一致，就互相强调，性格和表情特征就更突出；如果眼眉和眼睛形态位置相反，情况就复杂些。见图（图8-4-4）中第一个有怒气的感觉；第二个平静正常；第三个有憋屈的感觉。

二、眉头和嘴角对性格和表情的影响

眉头和嘴角是脸上重要的表情和性格表露的地方。这两个地方轻微的变化，表情和性格特征就十分明显甚至截然不同。见图8-4-5、图8-4-6、图8-4-7、图8-4-8。

总的规律是向上的喜悦、积极、活泼、凌厉；向下的悲观、消极、滑稽、孱弱。这些形态再与形状、长短、粗细、深浅不同形态要素相结合，性格和美感的表现就是非常的丰富。这方面需要从大量的练习和人物形象素材中加以比对和分析，从而掌握表现的规律。

本章重点

1. 眼睛外观形态的各个要素。
2. 眼睛的基准形态和美感规律。
3. 眼眉与眼睛组合的美感和性格表现规律。
4. 眼部修饰的目的和方法。
5. 眼部与五官的性格表现。

思考题

1. 东方人眼部的高光点有哪两种情况，为什么？
2. 为什么东方人以双眼皮为美？
3. 眼睛的基准形态有哪四种，美感表现规律是什么？
4. 内眼角有哪几种形态，如何应对？
5. 简述眼部的综合形态所反映出的性格特征和美感规律。
6. 眼部结构感的塑造重点部位是哪里？
7. 简述眉眼组合的性格特征规律。

实践训练与要点

1. 通过大量练习把一种眼形通过眼线和眼影修改成不同的眼形，并注意美感表现。

   提示：这个练习第一个目标是掌握修改眼形的不同方法，第二目标是通过修改眼形美化眼睛。

2. 练习通过不同形状的美目贴、假睫毛改变眼形的方法。

   提示：通过宽窄、大小、长短不同美目贴的办法，和假睫毛粘贴的方法，在一定程度上改变眼形，由于每个人的上眼睑松紧状态不同，会出现多种情况，通过大量的练习掌握应对方法。

3. 选用单色眼影，从表现眼部结构的角度练习画眼影。

   提示：重新从眼部结构的角度来认识眼影的表现规律，并进一步画出美感丰富的眼影。

4. 尝试改变眼眉的位置，并兼顾眼眉的形态，与眼睛表现不同的性格特征。

   提示：这个练习主要是理解形的位置对形态表现的作用。

5. 找一个骨感不是很强的模特练习眼部结构感的表现。

   提示：参照（图8-2-2）至（图8-2-5）的示例来进行练习。

第九章

口鼻的形态分析与修饰

第一节　嘴的生理结构与形态要素

嘴是人的性格和情绪的重要表现器官，是人脸上动态范围最大的部位，是脸上色彩最突出的地方，也是脸上最具性感美的地方。嘴是五官中最重要的部位之一，集成了形、色、声三个方面的生理形态要素，并且它有着自身的生理形态特点。掌握这些形态规律，能帮助我们表现出生动诱人的嘴唇，极大地提高妆容的美感。

一、嘴的生理结构

1. 嘴的生理结构

嘴部是覆盖在牙齿上面的两片环状肌肉组织。嘴唇的特点是肌肉组织比较厚重，除了牙齿的支撑，没有其他骨骼固定，因此嘴的游离状态比较强，给人的感觉是柔软富有弹性，多变而具有亲和力。

上唇和下唇结构形态各有不同。上唇总体形态似如一张弓的形状，下唇类似于船形。（图9-1-1）

上唇中间部位有一个肌肉隆突，叫做上唇结节。上唇结节与人中沟交汇，形成了唇峰和唇尖三个嘴部最高点（见图9-1-2、图9-1-3），因此相对来说，上唇棱角的特点比较明显，而下唇比较圆润。

下唇由两个肌肉结节并列构成，因此一般情况下嘴唇比上嘴唇稍厚并且肉感更为突出，形态偏圆。

2. 唇结节的形态和作用

上唇结节和两个下唇结节在嘴唇的形态中起到骨点的作用。它们的大小和位置状态，决定了嘴唇的基本形态。

三个唇结节的大小和位置都比较适中的，唇形一定好看并且富有魅力。唇结节过于突出的或者不是很饱满的，嘴唇都不会很美观。要么过于臃肿肥大，要么显得干瘪缺乏弹性和肉感，没有吸引力。即使唇形的轮廓好看，但由于结构不好，整体上也不会产生诱人的美感。一个完美动人的嘴唇，一定

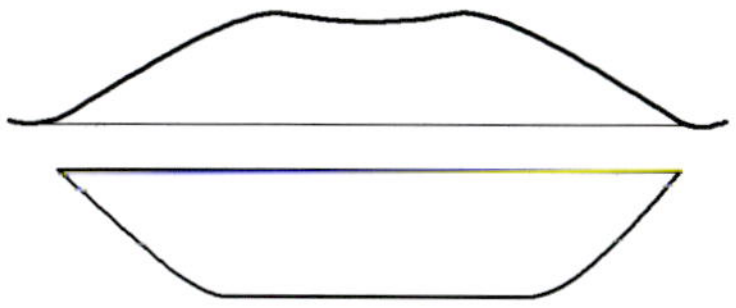

图9-1-1　上下唇形状概括

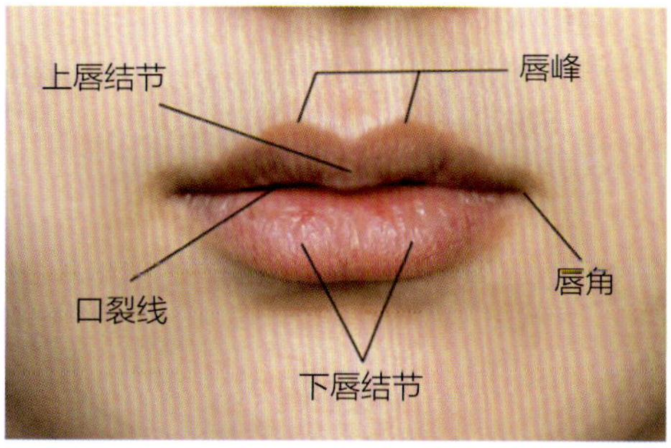

图9-1-2　嘴的生理结构部位

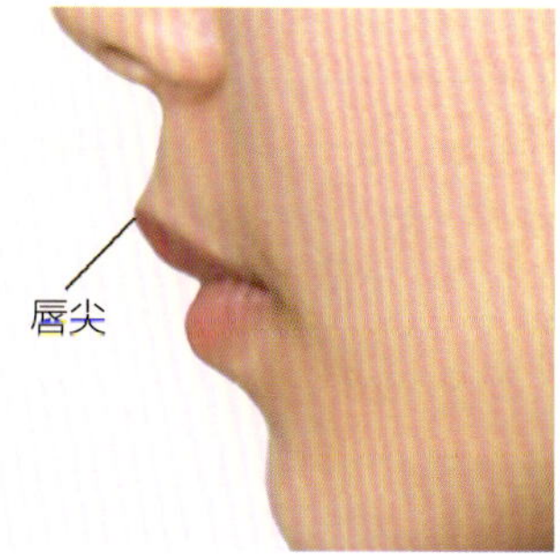

图9-1-3　嘴的侧面结构形态

是唇形与结构都十分完美的形态。

（1）上唇结节的形态

上唇结节呈现出的形态棱角感比较强，唇尖处是上唇左右两个面的转折点。由于与人中沟交汇，形成了上唇的两个唇峰，人中沟的大小和深浅，直接影响唇峰的形态。一般来说，人中沟宽大的，唇峰就宽大；人中沟窄小的，唇峰就窄小；人中沟深的，唇峰轮廓线就清晰，人中沟浅的，两个唇峰就不明显。

（2）下唇结节的形态

下唇结节由两个肌肉结节并列组成，因此下唇相对上唇显得稍稍厚重、宽大和圆润些。下唇结节的大小和位置排列状态，直接影响下唇的形态。两个下唇结节结构明显的，使得唇底线呈现轻微往里凹陷的波浪形，口裂线也呈现波浪形（见图9-1-4）。有的人两个结节长成一体，使得唇底线形态呈圆弧形。也有的人下唇结节不仅长成为一体，而且充满了整个下唇，因此下唇会显得很肥厚，形成所谓的“香肠嘴”。

3. 下唇结节的位置和形态及对唇形的影响

下唇结节的形态和位置，存在多种差别，直接影响下唇的形态。（图9-1-4）是上唇结节和两个下唇结节的位置和结构示意图，用来帮助认识和理解嘴唇的结构。

对于唇结构的理解十分重要，它能够帮助我们塑造和表现出生动诱人的嘴唇来。

二、嘴的形态要素

为了能够准确地把握嘴唇的形态，我们从以下几个方面来对嘴唇的形态进行分析和研究。

1. 唇角线、上唇角线、下唇角线

唇角，是上下唇线和口裂线的起始点，这个地方是表情的重要表现部位。嘴角的轻微变化，都会及时而精确地反映出人不同的情绪特点。因此我们把口裂线的两端靠近嘴角的地方单独分离出来，叫做嘴唇角线。上嘴唇线和下嘴唇线靠近唇角的部分，分别叫上唇角线和下唇角线。（图9-1-5）

2. 唇峰和唇尖

上唇结节与人中沟的交汇，从结构上讲是上唇结节被人中沟削去了一块形成的，因此使得上唇结节上端的形状形成两个山峰状，有着高矮、深浅、大小、陡峭、平缓等形态上的差别。唇峰线与左右两个上唇角线形成完整的上唇线。

3. 唇底线

唇底线是两个下唇结节下方的边缘线，它与左右两个下唇角线构成完整的下唇线。唇底线受两个下唇结节的影响呈现不同的形态，有波浪形的、圆弧形的和平直形的三种。

4. 唇角的形态

唇角，是指嘴角周围肌肉组织的形态，它使唇角线产生微小的形态变化，从而导致情绪和性格的表露。（图9-1-6）

5. 口裂线的形态

口裂线就是上下唇闭合所形成的一条线。它的形态由于受到上唇结节和下唇结节的影响而呈现波浪状。在现实生活中有多种形状的演变，总体上可分为平的、下弯的、上弯的三种，并分别体现着不

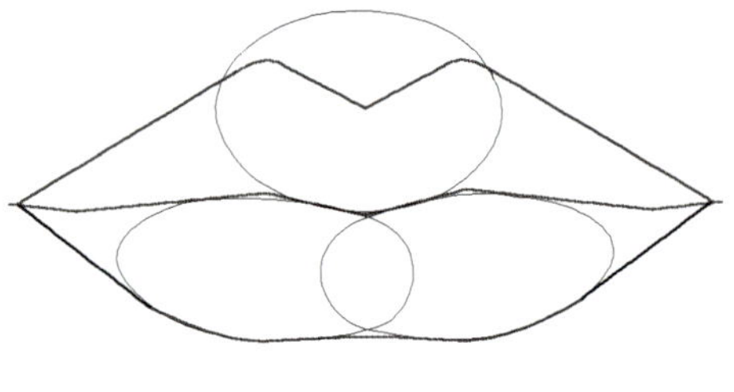

图9-1-4　上下唇结节示意图

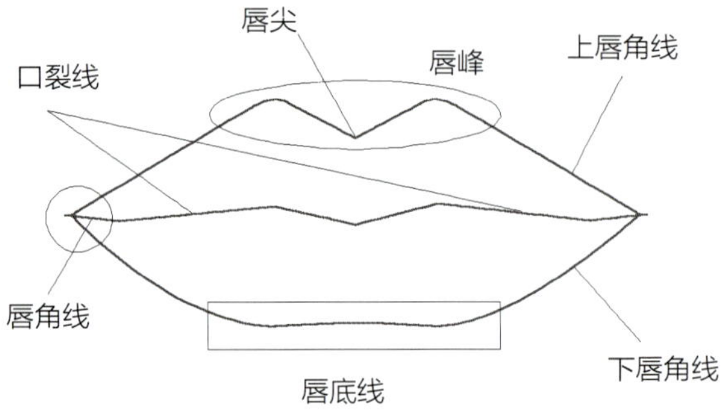

图9-1-5　嘴唇线条分析示意图

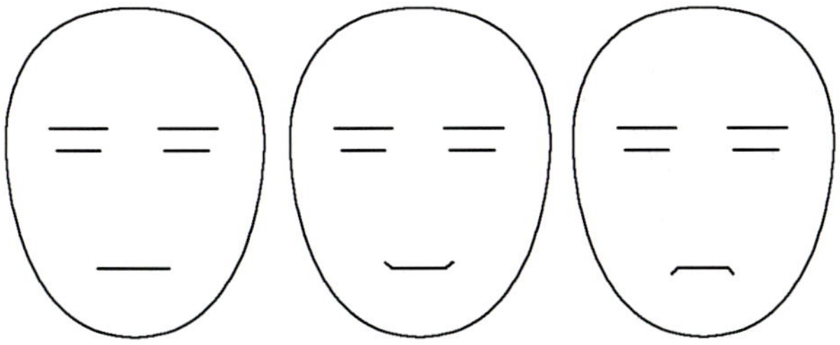

图9-1-6 唇角对表情的影响

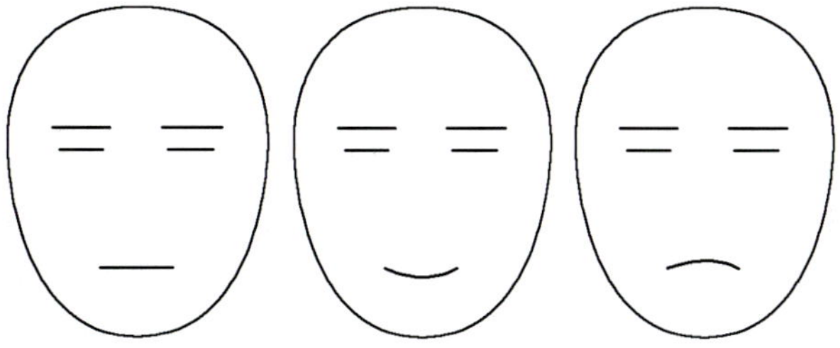

图9-1-7 口裂线对表情的影响

同的性格和表情状态。（图9-1-7）

6. 比例

比例是嘴唇形好坏的根本性因素，要从以下三方面来观察和分析：

整体比例：是指整个嘴唇外轮廓的长和高的比例，这个比例决定着嘴唇自身形态的美感，形成厚唇、薄唇两种类型。观察嘴唇的整体比例，实际上是从嘴唇的外轮廓来观察其形状，有的时候嘴的外形比较好看，但是嘴唇的结构和唇裂线不一定好，因此看到了这点就能够有针对性地改造它。相反，如果结构很好只是上下嘴唇轮廓线存在问题，比如唇轮廓含混不清，那么就很容易通过唇线或口红形来美化它。

分体比例：分别指上唇厚度和宽度与下唇厚度和宽度的比例。

上下唇的分体比例，对唇形的美观度影响十分直接。正常范围的差异是：上唇和下唇等厚，或下唇稍厚于上唇；从宽度上来说是：上下嘴唇等宽。超出这些比例唇形的美观度就会下降。

与脸型的比例：这个是一个衡量嘴的大小的问题。关于嘴的大小，本身没有美丑的差别，小嘴有小嘴的可爱，大嘴有大嘴的美丽。嘴大嘴小一定是与脸型和五官综合比较的结果。

7. 唇褶

所谓唇褶，就是嘴唇上的褶皱。人的皮肤需要光洁而显得美丽，而嘴唇需要适度的褶皱。因为唇褶是嘴唇能够完成较大范围的张开闭合运动的生理标志，它是嘴唇真实感和生动感的一种表现因素。紧绷和过于光滑的嘴唇，容易产生不自然或臃肿的感觉，缺少了生动的真实感。疏密相间，长短不一，深浅不等的唇褶分布状态，形成了嘴唇的质感美。

观察一个人的嘴部，要从上面这些要素方面来观察，有利于快速而准确地把握其形态特点，从而能够知道应当从哪些方面入手来美化和塑造口唇。下面通过运用这些形态要素，来对一组口唇进行观察、比较和分析。

第二节 唇的常见形态比较与美感因素分析

一、嘴唇的常见形态比较与分析

1. 唇角的形态差别

唇角线与上唇角线和下唇角线的位置关系存在着几种不同的情况：有和上下嘴唇线都在同一个出发点的形态，如图9-2-1，还有嘴唇角线与上下唇角线不重合的情况。多数情况是唇角线稍稍长出上下唇线如图9-2-2。还有三条线都不再同一点的情况如图9-2-3、图9-2-4。

2. 上唇角线和下唇角线的形态差别

形态上分为三种：直的图9-2-5、尖的（图9-2-6）、圆的（图9-2-7）。直的是比较多的一种，形态美观；尖的棱角感比较强；圆的有一种宽厚和富态的感觉。这几种形态没有好坏差别，只有性格和表情的不同。

3. 唇峰的形态

唇峰的形态轮廓清晰，大小位置适中就好，这个地方比较容易通过口红和唇线的描画得到改进。

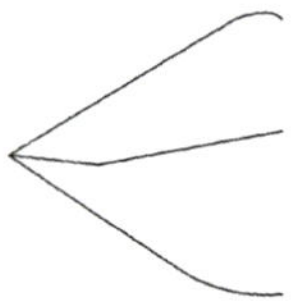
图9-2-1

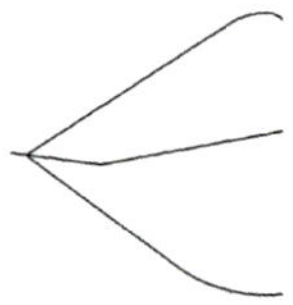
图9-2-2

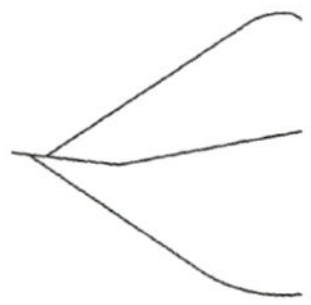
图9-2-3

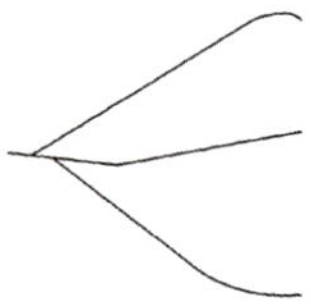
图9-2-4

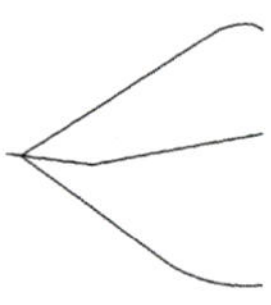
图9-2-5

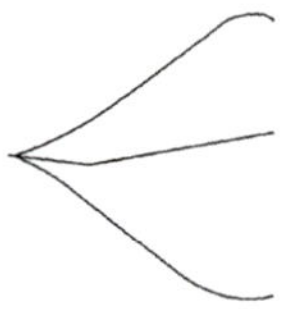
图9-2-6

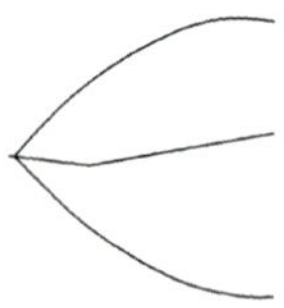
图9-2-7

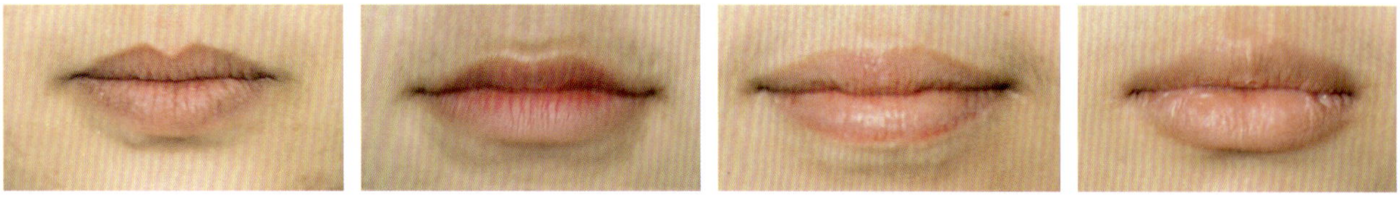
角的　圆的　平的　不明显的

图9-2-8　唇峰的形态

（组图9-2-8）

4. 口裂线的形态

口裂线与上下唇线不同，它是上下嘴唇闭合而形成的一条线，因此它是动态的。有的人闭嘴的时候嘴唇形态很好看，可是一旦张嘴笑开，由于不会控制嘴部肌肉的运动，嘴的形态就不好看了。因此就出现捂嘴，或强忍不笑的情况，使原本形象大打折扣。这方面不属于化妆的范畴，但是说明一个现象，就是嘴角的肌肉对嘴的开合形态表现起到很大的作用。嘴角的细微差别也是直接影响人的性格和表情地方。注意观察前面的图中嘴角处的区别。上唇结节和下唇结节形态完美的，口裂线的形态一定美观，口裂线不美观的，一定是上下嘴唇结节的问题。比较图9-2-9、图9-2-10、图9-2-11的口裂线的形态，标准而美观的是图9-2-11。

5. 唇底线的形态

唇底线与两侧的下唇角线形成完整的下唇线，有着方圆曲直不同形态的表现，见图9-2-12、图9-2-13、图9-2-14。在画唇形的时候要注意这三个地方的组合对完整唇形的影响。

6. 上下唇轮廓线的清晰状态

嘴唇轮廓的清晰与否，影响嘴唇的立体感，含糊不清的嘴唇轮廓，并不符合正常的生理结构和充满美感的口唇的特色（见图9-2-15、图9-2-16）。即使要画所谓的“咬唇”，也不可以画出只有口裂而没有上下唇轮廓的形态，要在比较明确的轮廓中表

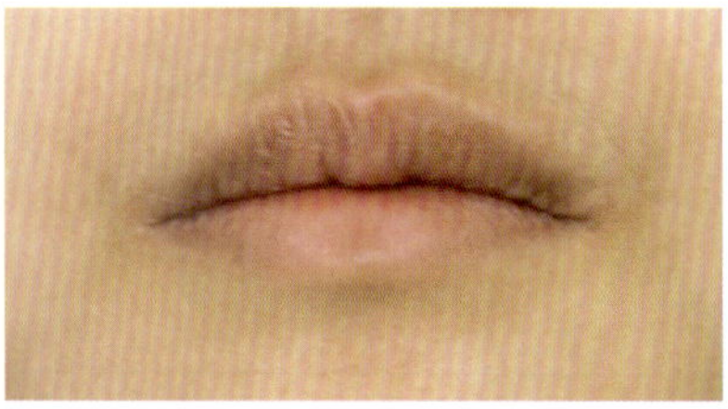
图9-2-9　弧形的口裂线

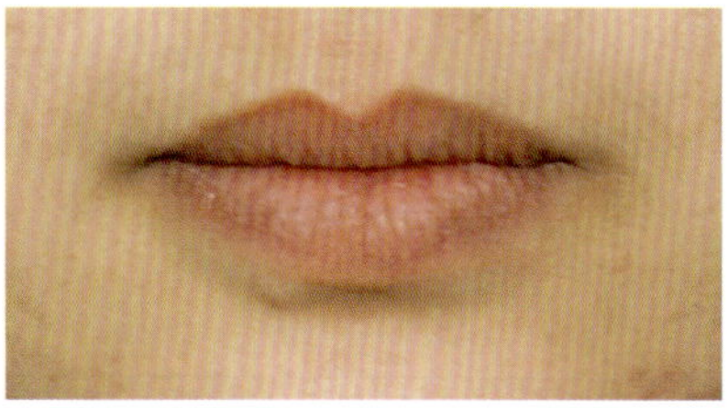
图9-2-10　直线的口裂线

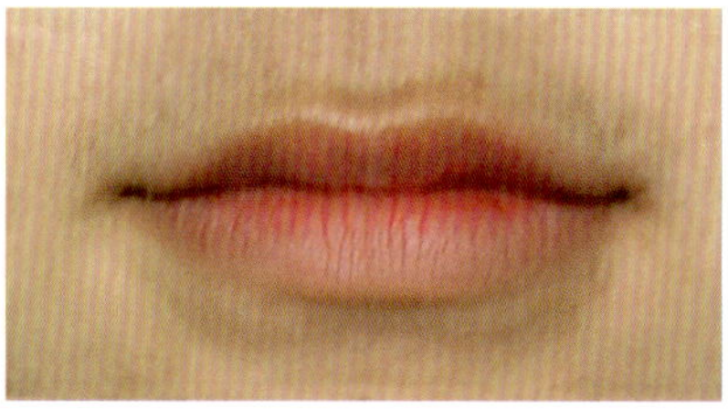
图9-2-11　波浪形口裂线

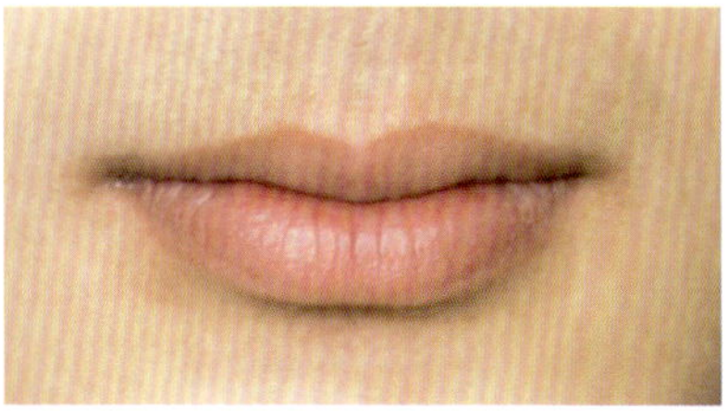
图9-2-12　标准而美观的唇底线

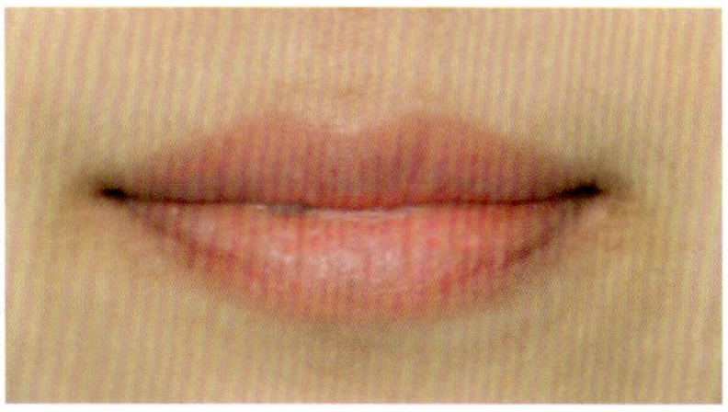
图9-2-13　圆形唇底线

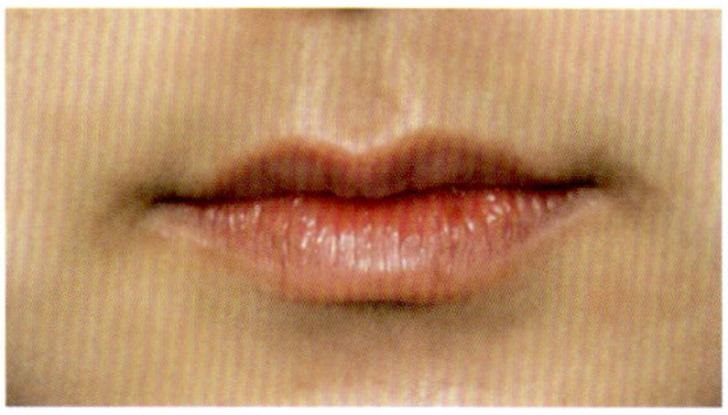
图9-2-14　平形唇底线

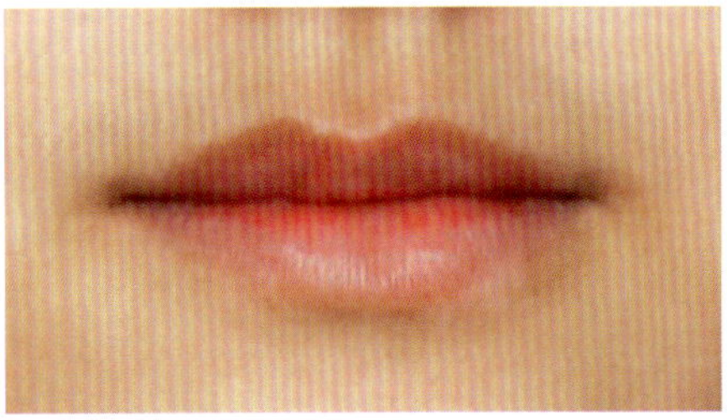

图9-2-15 下唇轮廓不清晰

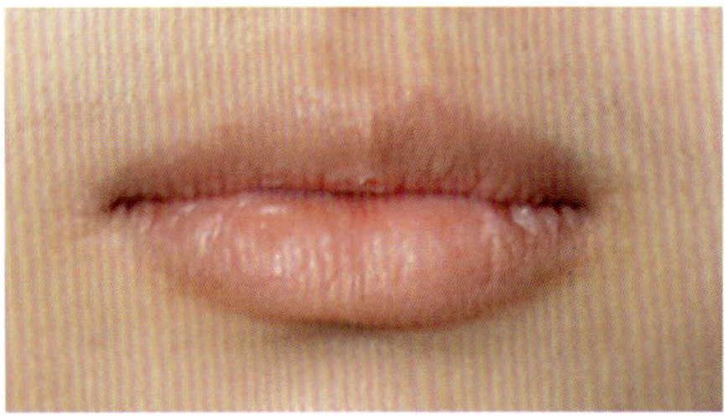

图9-2-16 上唇轮廓不清晰

图9-2-17 唇结构形态

现色彩的层次渐变。

7. 唇结节的形态

从上面的唇形分析中要了解到，不仅要观察嘴唇的轮廓形态，更要分析和比较嘴唇的结构形态。要从唇的形和唇的结构两个方面来观察口唇，从而能够找出不仅美观而且动人的嘴唇来。

唇轮廓线，仅仅是从嘴唇平面的角度来看的。而嘴唇结节则是从嘴唇的结构方面来分析的，二者相结合，就能够从全方位的角度对嘴唇有一个全面的认识。同样，唇的修饰也是要从这两个方面来进行，并且唇的结构要比唇形更重要。图9-2-17是突出嘴唇结构的手绘图，有助于帮助理解嘴唇的整体结构形态。

二、嘴唇的立体结构

嘴唇的切面，有助于帮助我们理解上下嘴唇的结构关系，对表现和塑造生动动人的口唇有着重要的意义。

一个生就得比较标准的嘴唇，应当是比例和结构都比较恰当的。因此上下嘴唇各个部位的明暗差异也比较明显，所以可以利用这种现象，有针对性地美化嘴唇，表现出结构美的唇形。下面是对唇的切面分析，有助于理解和表现唇的结构与明暗特点。（组图9-2-18）

三、嘴的美感因素分析

嘴作为人脸上重要的器官之一，其美感首先来自于自身的比例关系和结构关系，同时还与脸型和其他五官部位存在着统一或协调关系。

1. 自身的美感因素

整体比例关系：不同的比例体现着不同的美感，薄唇有薄唇的美感，厚唇有厚唇的动人处，因人而异，因性格而异。

上下嘴唇的比例关系：要从上下嘴唇的宽度和厚度两个方面来观察，并且这个比例是影响嘴唇形美观度最直接的关系。一般的情况下，上嘴唇的厚度等于或略小于下嘴唇，宽度要等于下嘴唇比较美观，反之美观度降低。

2. 嘴唇的结构美

嘴的动人处或者说是诱惑力来自于良好的结构形态。所谓嘴的结构美，就是体现唇结节为主的立体美感。在现实生活中，唇形和结构都很标准的

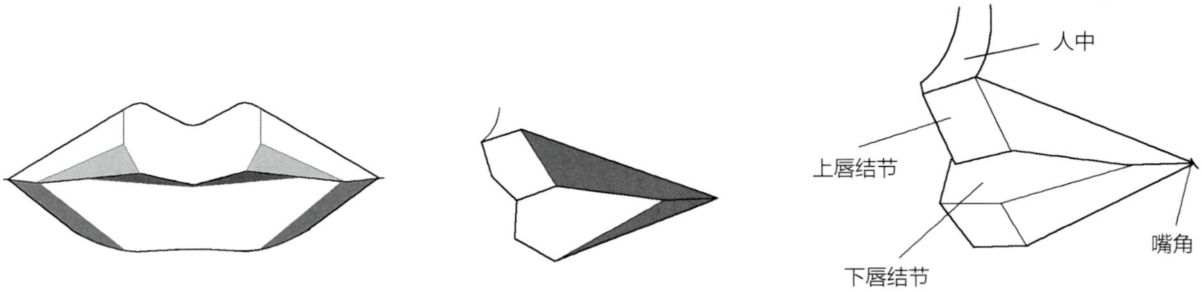

图9-2-18 嘴唇的立体结构示意图

人还不是很多的。结构美的嘴唇，其外形轮廓一定好看，还有很多人口形还比较好，但结构上却比较平，结构感不突出，就缺乏动人的感觉。见（图9-2-19），前图结构和口轮廓都好，后图唇形还好但结构很平，因此形态美感差异很大。这就需要在涂唇彩的时候要有意地去塑造出嘴唇的结构感来，从而使嘴唇显得饱满、生动和有吸引力。

当然，通过唇彩的修饰而突出嘴唇的结构感，是受到很多因素限制的，并不是所有的嘴唇都能够随心所欲地描画出来。化妆毕竟不是美容手术，只能在一定的条件下能从视觉上改善嘴唇的感受形态。

3. 与脸型的美感关系

嘴与脸型的生理关系和形态特点：人体上各个部位的形体，大部分都有明确的骨点做为它们的起止点，因此在形态上受到骨骼的制约。而嘴的形态比较特殊，除了受牙齿在内部起到支撑的作用外，由于环状的口轮匝肌呈游离状态附着在牙齿上，不受其他骨骼的影响，所以嘴的生理形态相对独立，因此其形态具有相对独立性。任何一种形态美好的口形放在任何脸型上大都能够表现出较好的美感。尽管如此，如果使唇形与其他五官从形态上追求不同美感和性格的统一性，将能够更加突出人物的特有美感和性格特征。

4. 性感口唇的特征

嘴是脸上最具性感美的地方。如果说眼睛可以妩媚动人的话，那么一个性感的口唇，则是诱惑迷人的，因此要十分重视嘴唇的美感表现。

嘴唇的性感美要素体现在：结构感突出、形态饱满；色彩鲜艳；厚唇微翘；口裂微开。受人推崇的那种嘟嘴就很富有性感美。（组图9-2-20）

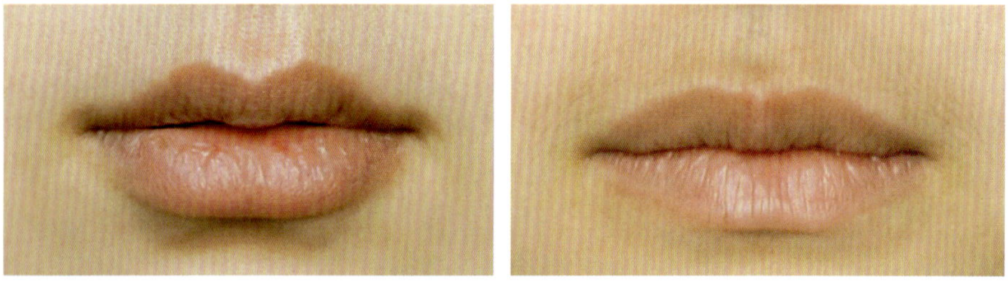

图9-2-19　完美的口唇结构（左）与结构不突出的口唇（右）

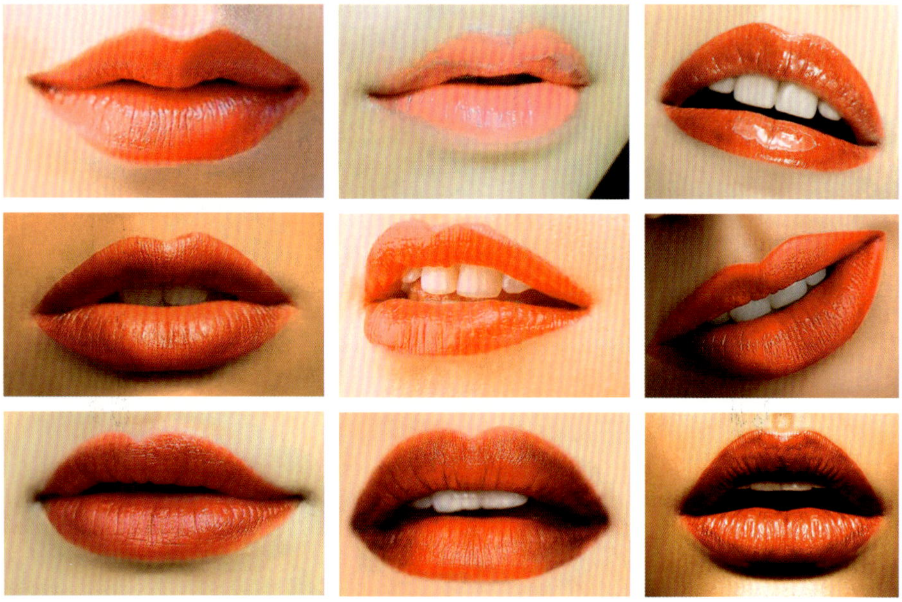

图9-2-20　富有性感美的口唇

第三节 嘴的表情与性格特征

一、嘴角的表情要点

1. 平的：自然、平和、轻松的

2. 上翘的：喜悦的、微笑的、活泼、和蔼的

3. 下垂的：封闭的、保守的、消沉的、孤独的、心机的、气愤的、仇恨的

4. 唇角线尖的：尖刻、灵动、活跃、精巧的

5. 唇角线圆的：宽厚、大气、豪爽、开阔、富态的

二、口裂线的表情和性格特征

1. 波浪形的：优美的、自然的

2. 直线形的：紧闭的、平静的、思索的

3. 上弯的：负气的、悲哀的、傲慢的、高傲的、消极的

4. 下弯的：笑意的、活泼的、热情的、积极的

三、厚嘴唇、薄嘴唇、阔嘴唇的性格特征

1. 厚嘴唇：敦厚、可爱、可靠、亲和感

2. 薄嘴唇：灵巧、尖刻、伶牙俐齿、活跃、聪明、善辩

3. 阔嘴唇（嘴角呈圆形的）：富态、阔气、大气、豪放、粗心

四、大嘴、小嘴的美感和性格特征

小而厚的嘴：小巧、灵活、可爱

大而厚的嘴：憨厚、忠诚、笨拙、粗心

细而长的嘴：灵秀、巧言善辩

第四节 嘴的修饰

对嘴的形态研究，是从唇形和结构两个方面来进行的，而对于嘴的修饰，也应当从这两个方面来进行。这方面普遍存在的问题是，很多人往往只注重于唇形的涂画而没有充分地认识到对嘴唇结构的表现。当然一个唇形和结构都比较好的口唇，完全可以仅通过涂上口红就能达到良好的修饰效果。但是更多人的口唇，多少都有些缺欠，仅仅靠涂上嘴唇彩来修形，并不能够达到最完美的境地。在这里，一定要明白，嘴唇彩不仅仅是修形，还有一个更重要的作用就是塑造唇的结构感。画出唇形与结构两方面都完美的口唇，应当是化妆师追求的更高的目标。下面分别从这两个方面来进行学习。

一、口形的修改与美化

唇形的修改和表现，作为化妆最基础的内容之一，本身并没有太大的难处，只要掌握好口唇的方、圆形态与脸型、眉形、眼形的方圆形态来整体处理，和有目的地表现人物不同美感和性格的特征就能够取得较好的效果。

图9-4-1和图9-4-2是方与圆两种唇形对比。如果从方和圆两个基本形态方面来考虑唇形与脸型和其他五官的形态协调，在学习了前面相关内容的基础上，就不难做到。关键的就是美感的一致和性格的统一，并掌握好一定的尺度。

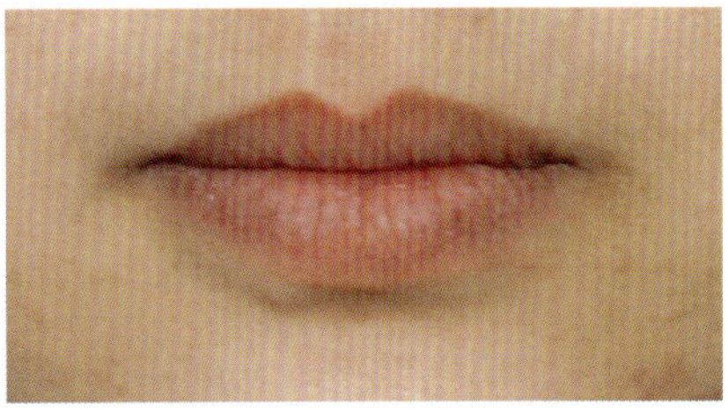

图9-4-1 方的唇形

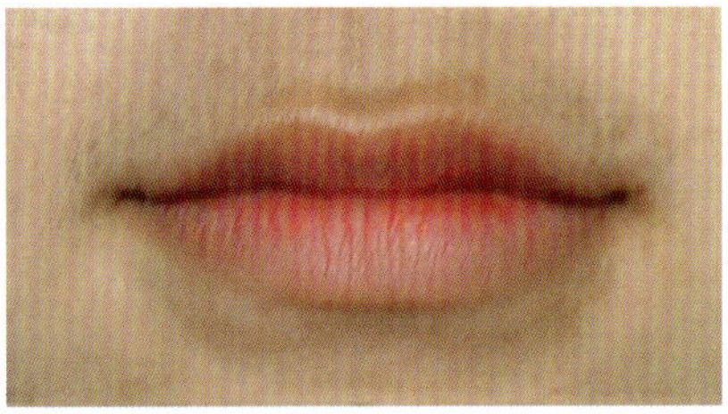

图9-4-2 圆的唇形

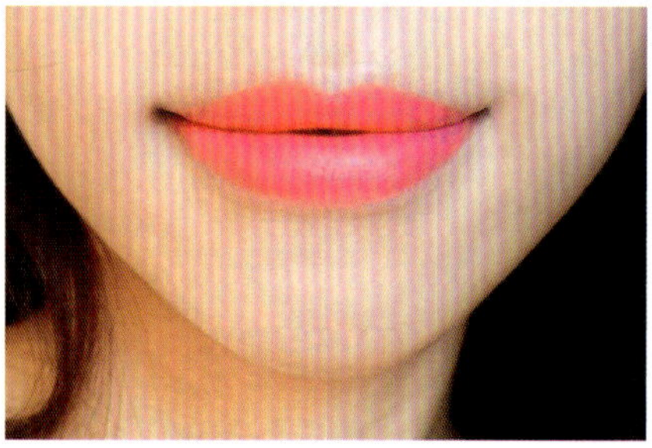

图9-4-3　示例口唇原貌

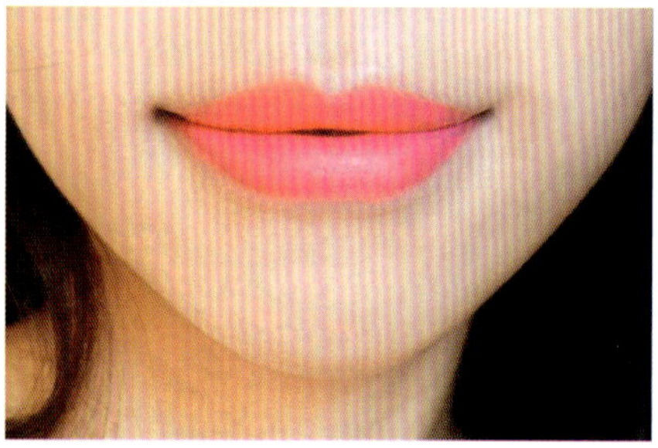

图9-4-4　修改唇形

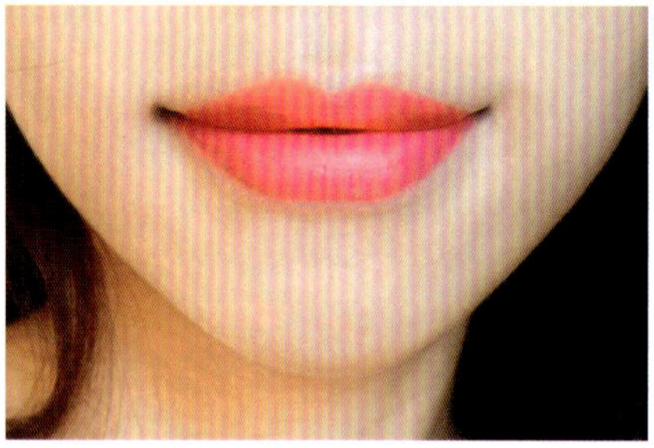

图9-4-5　调整色彩

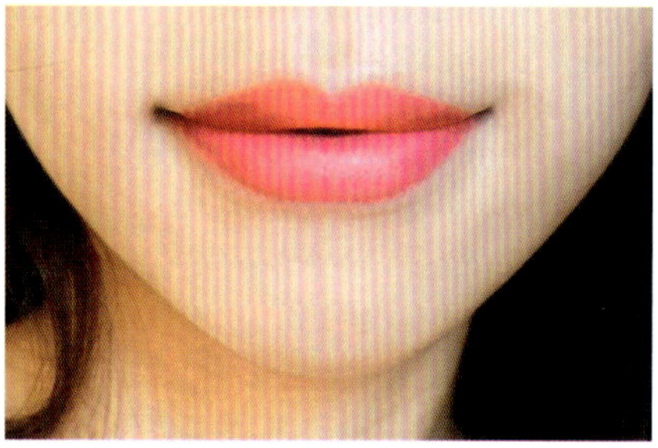

图9-4-6　完善细节

二、口唇结构感的塑造

这里我们用一个示例来进行说明，观察图9-4-3

这个唇形从外轮廓上来说并没有什么不妥，但在结构上看存在的问题是：上嘴唇结节缺失，下唇就是那种唇结节肥大的香肠嘴，因此缺乏结构的美感，并且嘴形较大，特别是下嘴唇的形态和色彩更加重了这种肥大的感觉，因此应对的办法如下：

首先，修改下唇唇形，将两个下唇角线和嘴唇底线往里收，使得下唇略带棱角感以削弱那种圆滚肥大的感觉。（见图9-4-4）

其次，这样的嘴唇形从色彩上来说就不适合高明度和高纯度的具有膨胀感的颜色，因此在上唇角和下唇角处加深颜色，而在唇结节处保留原有较亮的颜色。（见图9-4-5）

再次，为了更突出下唇结节的结构感，在唇底线处加深，并在下唇结节中间处加深或适当画出些唇褶以表现嘴唇的质感和两个下唇结节的形态。（见图9-4-6）

唇褶的画法：可以用旧的笔刷和深色的嘴唇彩在下嘴唇中间画出嘴唇的褶皱，要注意长短、疏密、深浅的错落。唇褶的描画比较精细而费时，最简单有效的做法就是在这个地方加深颜色。

改变不了的地方是上嘴唇结节的缺失，只能通过突出上唇结节的办法削弱这种感觉。

三、唇彩的运用

唇彩的运用原则：

嘴唇的色彩，由于其生理原因使得正常情况下都是在红色系的范围，创意类妆面另当别论。但是以红色为中心的暖色系的色彩范围足够广阔，有足够的颜色供化妆师来选择。不要以为既然是红色系范围，唇彩就都是暖的而没有冷色，应当明白色彩的对比规律和调和原理。同样是暖色系的颜色，放到一起产生了对比，也就有了冷暖之分。比如橙红色和大红色以及紫红色相互对比，橙红色最暖，其次是大红色，而紫红色就显得最冷。要把色彩的相关知识充分地运用起来，要从色彩的色相、纯度、明度三个要素方面，以及色彩构成规律的方面深入地理解色彩的原理和表现规律，是运用好色彩的前提条件。

在唇彩的运用上，最重要的是唇彩要与眼影、腮红特别是服装色彩的协调，这方面的知识，完全都在色彩构成的相关知识中，大家要重视这方面的学习，这里不再赘述。

第五节　鼻部的形态与修饰

一、鼻子的形态与美感

鼻子的形态千差万别，从形态上分为鼻根、鼻梁、鼻尖、鼻底、鼻翼几个形态要素部位。鼻根上面和两个眼眉之间的部位在相学上叫做印堂，在化妆里叫眉心。这个地方对鼻子的整体形态也有一定的影响，因此也把印堂列入鼻部的研究范围。（图9-5-1）

鼻子生理结构的特点是由鼻梁处的鼻骨和鼻头处的软骨衔接而成，见图9-5-2。这种衔接结构使得鼻梁的外在形态上产生较大的差别，这个部位是影响鼻子外形美感的最主要的部位，也是前脸轮廓线美感的主要表现部位。

在前面关于侧脸轮廓线的章节中讲到，体现前脸轮廓线美感最直接的地方就是鼻梁的形态。由于鼻骨和软骨的衔接状态不同，形成了三种形态，分别是直的、上翘的和上突的。分别见图9-5-3、图9-5-4、图9-5-5。

男性与女性的鼻梁形态有着明显的差别，也主要体现在鼻梁的部位。男性的鼻骨往往比较突出一些，比较典型的是那种“鹰钩鼻”的鼻梁。女性的鼻骨一般不突出，因此鼻梁或平而直或者上翘。鼻梁平或上翘的鼻子美感度比较高，特别是女性，上翘的鼻形显得俏丽。鼻骨突出的若在女性的脸上，美感就比较低。

鼻尖也是一个对鼻形影响较大的部位，很多相同的鼻形由于鼻尖部位的差异导致鼻子整体形态产生很大的不同。图9-5-6、图9-5-7、图9-5-8是同样的鼻形在鼻尖处分别削掉一部分产生的形态差别。鼻尖而小的，鼻形就显得高挺俏丽，西方人女

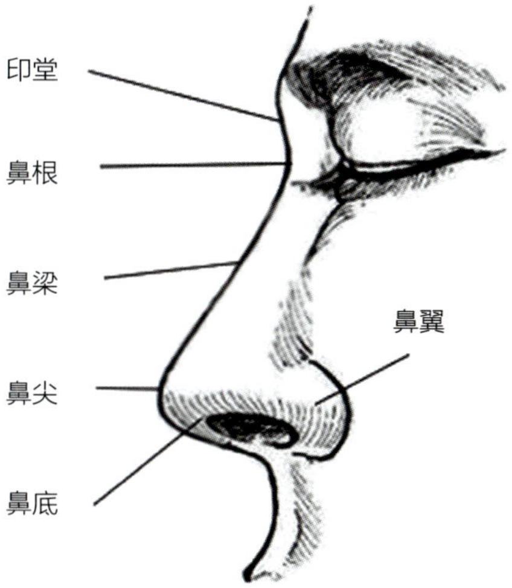

图9-5-1　鼻子的构成部位

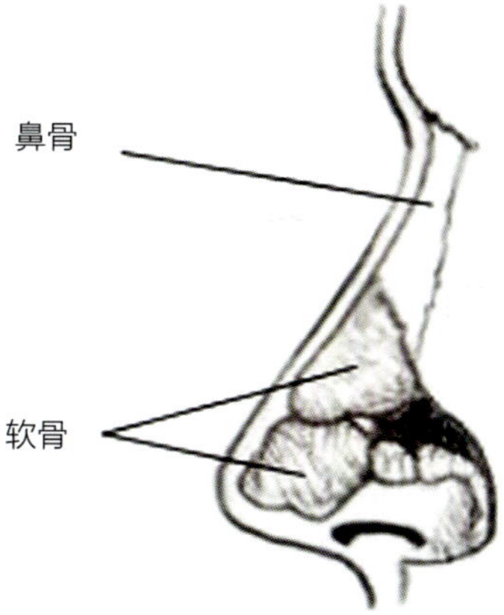

图9-5-2　鼻子的骨骼结构

图9-5-3　直的鼻梁

图9-5-4　上翘的鼻梁

图9-5-5　上突的鼻梁

图9-5-6　尖鼻头

图9-5-7　适中的鼻头

图9-5-8　钝的鼻头

图9-5-9　向下的鼻底

图9-5-10　平鼻底

图9-5-11　向上的鼻底

性鼻部比较多地呈尖而上翘的形态。鼻尖圆钝的，就显得敦厚。

鼻底的形态根据倾斜的角度不同，分别有三种，体现着不同的美感，见图9-5-9、图9-5-10、图9-5-11。

另外鼻翼的大小也影响鼻子的美感，小的显得灵巧精致，偏大的显得宽厚壮实。

二、鼻部的修饰

鼻子在人的脸部美感上起到的作用是常常与颧骨和下颌突隆形成脸部立体的美感，因此表现鼻部的立体结构感是美化鼻子的主要方面。但是鼻部能够给我们化妆修饰的范围非常有限。从化妆的角度来说无法改变其形态，因此对于鼻部的修饰，一个最主要的方面就是通过鼻梁提亮和鼻两侧打暗影的方法突出立体感，从而提升整体脸部的立体结构美。

鼻梁部位的提亮要注意的是，如果人的鼻骨突出，在提亮鼻梁的时候不要把鼻梁全部提亮，而应当在鼻骨下软骨处提亮，以减弱鼻骨突出的视觉效果。另外，印堂处也可以不提亮，要同两侧内眼角的暗影来进行，表现这个地方的结构感。

关于鼻底、鼻翼等地方的修饰，也主要是通过暗影的方法得到相应的视觉改善，要充分利用前面脸型部分的知识来运用。

鼻子的修饰，尽管可以通过高光和暗影来突出立体感，但是在生活中人是活动的，只要人一侧脸，鼻骨的真实形态就会显露无遗，因此实际意义并不大。最大的价值是在拍照中，由于拍出的照片是静态的，因此还是有很大的应用价值。

本章重点

1. 唇结节的生理结构对唇形的影响。
2. 唇的形态要素。

思考题

1. 为什么说唇结节结构完美的唇形一定好看?
2. 完美诱人的唇形特征有哪些?

实践训练与要点

1. 在生活中从结构的角度观察大量的人物实例，认识嘴唇的形态表现。
   提示：从唇的轮廓形态和结构形态两个方面来分析和评价。
2. 找到唇结构不明显的人练习塑造嘴唇结构的方法。
   提示：找类似于“香肠嘴”的人练习，用不同明度的唇彩来练习塑造嘴唇的结构感。

参考文献

1. 王一珉主编. 化妆基础. 北京：中国轻工业出版社，2006
2. 吴帆主编. 化妆设计. 上海：上海交通大学出版社，2009
3. 乔国华主编. 化妆造型设计. 北京：高等教育出版社，2005
4. 君君著. 创意化妆造型设计. 北京：中国轻工业出版社，2010
5. 周立生主编. 形象设计概论. 北京：化学工业出版社，2008
6. 曹大勇等编著. 现代构成. 长沙：中南大学出版社，2007
7. 刘玥等主编. 平面构成. 北京：中国民族摄影艺术出版社，2013
8. 王炳耀编著. 人体造型解剖学基础. 天津：天津人民美术出版社，2010
9. 刘晓洁主编. 色彩构成. 北京：兵器工业出版社，2012
10. 代秀芳主编. 平面形态构成. 北京：兵器工业出版社，2012
11. 艾行爽主编. 形象色彩设计. 北京：化学工业出版社，2010